做人要扛得住寂寞

陈廷 编著

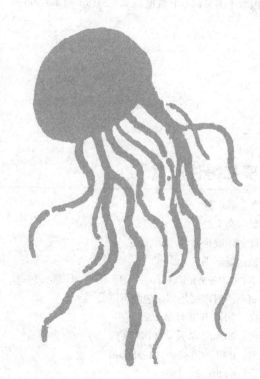

中国华侨出版社
·北京·

图书在版编目 (CIP) 数据

做人要扛得住寂寞 / 陈廷编著 . —北京：中国华
侨出版社，2013.8（2024.2 重印）
ISBN 978-7-5113-3850-1

Ⅰ . ①做… Ⅱ . ①陈… Ⅲ . ①人生哲学—通俗读物
Ⅳ . ① B821-49

中国版本图书馆 CIP 数据核字（2013）第 186506 号

做人要扛得住寂寞

编　　著：陈　廷
责任编辑：高文喆
封面设计：朱晓艳
经　　销：新华书店
开　　本：710 mm×1000 mm　1/16 开　　印张：14　　字数：185 千字
印　　刷：三河市富华印刷包装有限公司
版　　次：2013 年 8 月第 1 版
印　　次：2024 年 2 月第 2 次印刷
书　　号：ISBN 978-7-5113-3850-1
定　　价：49.80 元

中国华侨出版社　北京市朝阳区西坝河东里 77 号楼底商 5 号　邮编：100028
发 行 部：（010）64443051　　　传　真：（010）64439708
网　　址：www.oveaschin.com　E－m a i l：oveaschin@sina.com

如果发现印装质量问题，影响阅读，请与印刷厂联系调换。

序 言

　　辉煌的背后是落寞，成功的背后是孤独。生活中，我们看到的往往是别人成功表面的光彩，却忽视了成功背后的艰辛。追求梦想的旅途中，等待我们的不是轰轰烈烈的成就，更多的是无比的寂寞。无数成功人士总结出来的经验就是：谁能耐得住寂寞，谁就有可能获得更多的成功机会。

　　人活一世，寂寞难免，很多人试图逃避，寂寞是逃不掉的，其实也无需逃，只要忍耐得寂寞，寂寞——沉寂——积淀——爆发，才能换来成功与幸福。

　　学着用一颗淡泊的心来享受寂寞的美是一种心境，同样也是一种智慧。寂寞人生般脱俗的清静，带来淡淡的清香，如经历严寒的梅。那么恰到好处，让人领悟到什么是真正的大彻大悟、超凡脱俗。

　　仁者乐山山如画，智者乐水水无涯。

　　从从容容一杯酒，平平淡淡一杯茶。

　　品读属于自己的寂寞，在寂寞中享受属于自己的那份宁静，让自己的生活变得如画、如水、如酒、如茶，享受在淡淡生活中，成为一个智者，这才是具有大智慧的超凡的人生境界。

站在人生的十字路口，没有人告诉我们该向左还是向右。当我们面临抉择时，心仿佛被掏空了一般，急于找一个正确的答案，然而这个答案只能产生于我们自己的灵魂深处。这一刻我们是无比寂寞的，因为无法把自己的感受与人分享，也没有谁能替我们做一个决断。寂寞在左，答案在右，寂寞中我们与灵魂对话，明白什么是我们自己最想要的，知道为了梦想我们该做出怎样的决定。

我们都是奔跑在希望路上的追梦人。然而，奋斗的过程，并没有我们想象的那样顺利，也没有我们想象中的美好。当我们的梦想被暂时搁浅，当我们的心被寂寞侵袭，我们要告诉自己，眼前的一切只是通往成功路上的一个小小驿站。寂寞也好，失败也好，不过是命运给我们的试金石，用来检验我们的意志的。凡成大事者，必先苦其心志，劳其筋骨，饿其体肤，空乏其身。不在寂寞中奋斗，不在困境中突围，何来一鸣惊人？扛得住寂寞，成功还会远吗？

常言道，守得云开见月明，成功需要我们坚守。有人曾说，99％成功的欲望不敌1％放弃的念头，事实确实如此。任何成功都不是一朝一夕的，也不是一蹴而就的，它往往是一连串的奋斗换来的。寂寞与诱惑无处不在，寂寞是内忧，诱惑是外扰；寂寞考察心境，诱惑考验定力。想要成功，就要扛得住寂寞；想要幸福，就要禁得住诱惑。在通往梦想的路上，只有守住心灵的防线，才能摘得梦寐以求的成功桂冠。

目 录

心灵篇
——寂寞修心，宁静致远

第一章　寂寞智慧，用心体味

抉择篇
——人生岔道，唯你一人

第三章　取舍之间，无畏独行

第四章 耐住寂寞,无惧诱惑

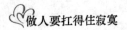
 追梦篇
——寂寞追梦，梦不寂寞

坚守篇
——笑到最后，笑得最甜

第七章　笑谈寂寞，拨云见日

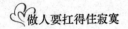

第八章 寂寞锤炼，锻造成功

心灵篇

——寂寞修心，宁静致远

第一章

寂寞智慧，用心体味

寂寞是一种心境，能够享受寂寞的人，往往是具有大智慧的人。罗素在《快乐的征服》里说，人要练习出一种忍受单调生活的能力。伟大人物的生活，除了几段重大的时期外，一生也了无令人兴奋之处。康德一生未曾走出故乡哥尼斯堡 15 千米之外。达尔文周游世界之后，关在家里度其一生。马克思策划了几次革命之后，以大英博物馆终其余年。可以说，安静的生活、寂寞的心境是伟大人物的特征，他们的喜乐也不是外人心目中认为兴奋的那一种。一切伟大的成就必须经由不懈地工作，其精神贯注与艰难的程度，使人再没有余力去应付狂热的娱乐。当我们用寂寞的内心来让自己平静下来的时候，你会感知到智慧的存在，自身存在的智慧，而这种智慧恰巧是来自寂寞。

同样，寂寞又是一种智慧，当你用心体会的时候，你能够感受到它的美好。如果你能够保持自己豁达的心态，那么最终你会实现自己的理想。要知道人生本来就是一个修行的过程，要学会用平常心态来对待自己内心的波动，让自己在寂寞中沉淀，积累自己的智慧，最后用心体味生活中的美好。

1　心远地自偏，寂寞自豁达

豁达是人的一种修养，豁达的人，注重修身养性，性格开朗，深明大义，始终保持一颗平常心，宁静致远，淡泊名利，不慕荣华，不媚权贵，堂堂正正做人，坦坦荡荡处世。豁达的人能够在人际关系中游刃有余，有助于事业的发展；能保持良好的心理状态，有益于身心健康；具有吸引人交往沟通的魅力，身边会有更多朋友。

寂寞的人如果能够保持豁达的心态，那么最终会让自己走出寂寞，并且在寂寞中积累自己的智慧，最终会迎来自己成功的机会，如果一个人没有了豁达，那么最终会将自己的内心困在一个角落，最终也无法实现自己的成功。

那么，一个人如何才能拥有豁达的心胸呢？陶渊明曾经写过这样几句诗："结庐在人境，而无车马喧。问君何能尔，心远地自偏。"所谓心远地自偏，说的是人从心里摒除浮躁，洗去欲望，能够有一个淡然处之的心态，甘于寂寞，这样即使身处闹市，也能悠然自得，能豁达地面对尘世的纷纷扰扰。

春秋时期，孔子的学生曾参勤奋好学，深得孔子的喜爱，同学问他为什么进步那么快。曾参说："我每天都要多次问自己：替别人办事是否尽力？与朋友交往有没有不诚实的地方？先生教的学问是否学好？如果发现做得不

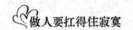

妥就立即改正。"

这就是三省吾身成语故事的由来。故事告诉我们多留一点时间给自己独处，以反省自身的对与错，从而在寂寞中提升自我的品行，变得豁达。当我们独处时，会比在喧闹的人群中更理性，对于自己的认识也更全面。三省其身，省一是言行，省二是作为，省三是修养。自省之后，我们更容易做到宠辱不惊，闲看庭前花开花落，去留无意，漫随天外风卷云舒。

在清朝康熙年间发生过这样一个故事，安徽桐城县县城有张、吴两家邻居，张氏家族，父子两代为相，权势显赫，吴府乃当地望族。张家的老宅与吴府之间有块空地，张氏家人起墙建房时与吴家发生争执，互不相让，矛盾激化。于是，张家写信到京都，期求在京为官的族人出面处理。结果，时任礼部尚的张大人寄回家书一封，并内题一诗："千里修书只为墙，让他三尺又何妨？万里长城今犹在，不见当年秦始皇。"张家人看到信后，经过反思，感到自己当初的言行确实不够理智，于是主动让出三尺，邻居吴家深受感动，也让出了三尺。两家由此化干戈为玉帛，留下一条六尺巷，传为美谈。

俗话说，远亲不如近邻，邻里之间偶尔的小摩擦在所难免，如果大家都针锋相对，到头来也不过是两败俱伤。如果能静下心来想一想，多想想对方的好，反思一下自己的过错，那么，以后出门就会多一个笑脸相迎的朋友，而不是老死不相往来的仇人。人在处理问题的时候往往是缺乏理性的思考，凭着一时的冲动，经常把事情搞到无法收拾的地步。如果人人能够留一点时间给自己反省，留一份寂寞让自己多一些反思，那么，人与人之间的矛盾便没有不可化解的。邻里之间如此，同事之间如此，朋友之间如此，夫妻之间概莫能外。

寂寞是一种人生态度，能够给自己留一点时间思考的人，肯定是具有大智慧的智者。"海纳百川，有容乃大"，假如每个人都能抱持宽大的胸怀，以宽容为"润滑剂"，相信可以减少许多摩擦和纷争。能够设身处地为别人着想，把一切看得开的人，必将在交友、办事中得心应手。

一个高尚、有修养的人决不会因为一些生活琐事而去大动干戈，去劳神费脑。当你脱离了世俗的困扰，当你有了一定的文化修养，当你内心世界达到了一定高尚境界，你才能温和友善，宽宏大量，你才会有大海般宽阔的襟怀袒露。

每个人都将面对整个人生。在漫长的人生旅途中，烦恼和痛苦可能时常伴随着你。一般说来，越有所追求，越想干点事业的人遇到的烦恼和痛苦越多。因此，我们每一个有志向的青年人都应该有一个坦荡的心胸，豁达大度去面对人生，发奋追求自己的目标和事业，"向着那梦中的地方去，错了我也不回头"。

胸怀大志，执着进取，是医治心胸狭窄的灵丹妙药。朋友，倘若你一旦真正理解豁达大度之真正内涵，那么你就会豁然开朗，不难成为一个心胸宽广，情趣高雅，有所作为，受人尊敬的人。

人生不如意的事十之八九。我们都无法改变世界，那就只好改变自己。改变自己的最好方法是拥有好心态，它能使你转败为胜，将弱点转化为力量。保持好心态，使自己处于不断积极进取的状态时，就能形成自信、自爱，坚强、兴奋等性格特点，这些性格特点可以让你的能力源源涌出。你若是想提升自己做事的能力，那么就改变自己身心所处的状态。一旦你拥有了自信自强、积极进取、荣辱不惊、乐观豁达的好心态，便可以把你蕴藏的无限潜能充分发挥出来，让自己创造奇迹，做出令人瞩目的成绩。

人本身就需要自我的修炼，但是要想修炼自己的内心，就要保持一种心远的状态，只有拥有了这种状态，你才能够获得你想要获得的东西，最终，也才能让自己的寂寞变得有价值，让自己的人生变得不再苍凉，生活才会散发出芬芳的气息。

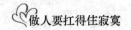

心远地自偏，心远是一种态度，地自偏是一种境界。寂寞自豁达，寂寞是行为，豁达的是心境，当一个人能够学会使自己独处，能理性分析身边的事情的时候，离豁达也就不远了。退一步海阔天空，很多时候当你静下心来换个角度来看原来的事物，得到的可能是另一种结果。人贵在享受独处，利用寂寞的心境去体察生活，体味人生，从而让自我提升。

2　修己以清心为务，涉世以慎言为先

一个人想要提高自身的修养，最重要的是保持自己内心清静。能成大事者，必然先有容人之量，有一颗清静包容的仁慈心，能够做到谨言慎行。否则，非但一事无成，甚至会招来横祸。

一个成功者常常能够学会让自己的内心保持清静，让自己感受到清心的快乐，同样地，如果你想要成功，还要让自己学会慎言，不是所有的话都可以讲，也不是所有的话都可以对任何人讲，"祸从口出"这四个字会对你有很大的帮助，清心可以帮助修己，涉世当然要慎言。

谨言慎行是我们在生活中必须要注意的，尤其是当你面对你的竞争对手的时候，更应该注意到这一点，当在你与别人竞争的时候，如果你能够对自己的言语负责，最终，你的成功往往也变得简单。如果你总是口无遮拦，想起来什么说什么，那么你会发现你的气场已经削弱，你在不知不觉中已经变得被动，被动的情况下，又怎么样来实现自己的成功呢？

战国时期，宋国有一员大将叫南宫长万，力大无穷，能触山举鼎。他有一绝技：就是将长戟扔到高数丈的空中，用手去接，百无一失。不过，他有一个致命的缺点：恃勇轻敌。在与齐国结盟同鲁国大战于郎城时，自恃其勇，被鲁国大将颛孙生打得落花流水，他自己也成了阶下囚。战国时期，各国打打合合，今年是仇敌，明年又如兄弟。没过多久，鲁、宋议和，南宫长万被放了回来。

南宫长万归来之后，虽被官复原职，但宋闵公打心里瞧不起他。当南宫长万请求宋闵公让他去向周王吊贺时，宋闵公竟然嘲弄说："宋国就是无人可派，也不会让你这个囚犯去的。"南宫长万恼羞成怒，起了杀心，一时冲动，将宋闵公杀死。

南宫长万投奔。-陈国，但是陈宣公被宋国收买，用计灌醉南宫长万，用犀革捆住全身，用牛筋绑紧，连同他母亲，一起星夜送回宋国。尽管在半路，南宫长万靠绝力，挣破犀革，但终归逃不出去，反而被押送的军兵，用木槌锤击胫骨，使其胫骨俱折。到了宋国，南宫长万被剁成肉馅做成肉饼遍赐群臣。

这就是历史上的"从大力士到肉饼的故事"。以史为鉴，读故事的目的在于反省我们自身。试想，如果国君胸怀坦荡，何必要揪着臣子的糗事不放而致对方心生芥蒂。反之，身为臣子却不能对他人的冷嘲热讽淡然处之，非要动了杀机才能泄愤。双方都不能释怀，终因此而酿大祸，不仅性命不保，还落得国乱家亡。悲剧的发生关键就在于两个人缺失对自己的反省，可以说是自身修养不够。南宫长万之所以会落得这样的后果，很大一部分原因就是他不懂得修己，不懂得让自己的内心变得平静点，而只知道用冲动来化解一切，最终不得善终。

所谓肚量多大，事业就有多大；要空出所有，才能建设一切。从管理上来说，我们的心能包容多大，就可以领导多少人。如果容得下一家人，可以做家长；容得下一村人，可以做村主任；容得下一国人，就可以做国君。"管事容易，管人难；管人容易，管心难。"就是这个道理。

杨修从小机智过人，长大后，杨修的才智更出众了。曹操要建造花园，动工前工匠们请曹操审阅花园工程的设计图纸。曹操看完图纸什么话也没说，只是在园门上写了一个活字。工匠们不知道什么意思，忙去问杨修。杨修说："丞相嫌园门设计的太大了。"工匠们听了杨修的话，修改了设计方案。曹操看了改造后的园门，十分高兴，忙问工匠们怎么猜透自己的心意的，工匠们说多亏了杨主簿的指点。曹操虽然嘴上很是夸赞杨修，心里却对杨修的才华非常妒忌。之后曹操找借口杀死了杨修。

关于杨修之死，有人归罪于曹操嫉贤妒能，有人归咎于杨修的恃才放旷。作为臣，在主公面前本应谨言慎行，可这个杨修偏偏恃才傲物，丝毫没有自省，最后触犯了主子的威严，被杀了也是咎由自取。当然，在我们现实生活中，即使没有做到清静心，没有谨言慎行，也不会有那么严重的后果。但是，职场如战场，不懂得静处反思，口快心直的人往往在晋升中就会受阻。

通过杨修的故事让我们认识到，人在社交场合，尤其是在与自己的上司或者是领导交往的时候，更加要学会慎言。不要想到什么就说什么，更不要自以为是地说出一些狂语，或许你讲出来的话是正确的，但是在不正确的场合或者是对不正确的人讲了，后果往往不是你想要的，要知道"祸从口出"，所以当你在与人交往的时候，就要学会拥有一个谨慎的习惯，要注意自己说话的分寸。

修己是人生中必须经历的，这也是人生存在的价值之一，如果你不懂得修炼自身，那么你可能会常常感觉到自己的生活不让自己内心得到平静，其实原因完全在自己，同样地，如果你想要让自己得到更大的进步，或者是让自己的生活充满阳光，那么就应该修炼自己，让自己内心变得清静高远，这并不是一件简单的事情。就像是水池中的莲花，它能够出淤泥而不染也并不像你想象的那么简单的。

人生在世，要学会与人相处。尤其是与人交往的时候，要注意的自然有很多，一不小心就可能会导致你的失败，其中，要想让自己避免"得罪"别人，那么最重要的一条就是要学会慎言，你要学会对自己的言语负责，对自己说出的每个字每句话都要负责，如果你是一个负责的人，你不会在众人面前打诳语，也不会毫不掩饰自己的内心世界，所以对自己负责，对自己的言语负责，就是对自己的成功负责。

曾几何时，我们相信人生中充满过多的奢华，我们追求这种奢华，我们希望拥有更多的奢华，希望享受在奢华当中，但是我们从来不曾想过，当奢华真正的烟消云散，我们剩下的是什么？"一切都是浮云"这句流行在网络上的言语，所以说如果你拥有的是奢华，那么你就要学会看到浮云的存在，让自己走出奢华的干扰，获得内心的平静，达到修心的目的。

一个人在尘世间走得久了，心灵难免会蒙尘，原本洁净的心灵会被污染和蒙蔽，所以烦恼、欲望、忧愁、痛苦会时不时地找上门来。常人不能达到浑然忘我的最高境界，还要时时打扫，以免落上尘土，净化心灵。然而一切尘念皆源于心，苦痛烦恼也无一例外。如果心如明镜，尘埃就不会沾身，何用打扫呢。佛曰：一念一清静，心似莲花开。这句话富含着深刻的哲理啊。

3　静听花开的平常心

静听花开是一种境界、一种修为，淡淡之情往往是一种很高深的人生境界，不要介意让自己成为一个淡淡的人，追求平常，就是在让自己变得更加的有修为，平常心往往能够让你感受到自然花开花落，感受到车水马龙，感受到一切淡淡的存在，从而你会发现平常心往往会成就出不一样的人生色彩。

平常心需要人能看淡得失，宠辱不惊，摒弃外界的纷纷扰扰，拥有一颗豁达的平常心。东坡有云："惟江上之清风，与山间之明月，耳得之而为声，目遇之而成色，取之无禁，用之不竭，是造物者之无尽藏也，而吾与子之所共适。"往往，世人容易错过，在喧嚣里，在烦躁里，在忙乱急促里，错过了那些本应可以轻易得到的美好。曾经，只要一抬头，我们便能看到白云悠悠，轻启窗儿，迎面即是清风徐徐，繁星满天，好不灿烂，这样惬意而美好的时光在我们的忙忙碌碌中与我们相隔越来越远了。

平常心往往是我们人生中不可或缺的一种境界，如果我们能够让自己内心保持平常心的状态，面对任何事情都能够以平常心态去对待，那么我们的生活中会少一份误解，多一份谅解；少一份冲动，多一份理性；少一份贪欲，多一份平静；少一份不得安宁，多一份平静自在。

一个人生活在错综复杂的社会里，在充满荆棘和坎坷的人生道路上奔波，必须有良好的心理状态。在面对困难时，要选择坚强，在面对挫折时，要拥有恒心和信心，坚持不懈地朝着自己预定的目标去拼搏奋进，成也淡然，败也坦然，都要拥有一颗平常心冷静面对。只要付出了奋斗了，无愧于他人，无愧于自己的良心就是成功。因为，人生的道路不是一帆风顺的，风风雨雨、坎坎坷坷经常会遇到。经过风雨坎坷之后，再去感悟平常心的真谛，就能领略到一种至高至纯的人生境界，从中感悟到平常心对自己的成长是多么重要。始终保持一颗平常心，带着笑去面对生命中的每一天，才是人生极有魅力的生存哲学。

孙杰在一家外资企业打工，当初通过网络找到这份工作。该公司并没什么名气，但孙杰在网络上查到该公司的资料后，感觉在这里不仅能得到锻炼还有更大的发展空间，便加入了该公司，以该公司为平台来施展自己的抱负。找到新工作的他迎来的并不是家人的鼓励和庆祝，而是无尽的寂寞。由于该公司的名气不怎么大，而且在营销方式上也有独特的一面，与传统的营销模式有所区别，所以不被孙杰的家人理解，都认为他误入歧途。朋友们也在疏远他，更不支持他。但孙杰耐住寂寞孤身奋战。他在无尽的寂寞中学习业务知识，不断提高自己、锻炼自己，从未想过放弃。由于他的努力，业务水平不断提高，初进公司的两个月里就为公司创造了上万元的利润，从而得到公司的器重。半年后，他被总公司委派到外地的分公司任总经理。为了更好地发挥自己，让自己的能力得到充分展示，孙杰踏上了远行的列车，告别了熟悉的环境与温暖的家，来到一切都陌生的城市。周围的一切对于孙杰来说都是陌生的，陌生的脸孔，陌生的环境，一切都将从零开始。面对陌生城市，寂寞来袭，他心里非常伤感。

没想太多，安顿好之后，孙杰马上开始了自己的工作。由于当地的风土人情及生活习惯与他所在的地方相差很大，以前制定的一切计划全部被否定。所以，刚开始工作非常辛苦，进程缓慢。作为总负责人，背负的压力远远超出了常人，工作的压力、心里的酸痛不知向谁诉说。寂寞将要把他压垮，可他却忍耐住了寂寞。孙杰深入研究当地的风土人情和生活习惯，把当地的一切都了如指掌，整合市场资源，制定计划，整装待发后一鼓作气，将公司的产品在这个地区的市场上一炮打响，为公司创下了前所未有的辉煌。阳光总在风雨后，成功也总在寂寞后。成功对于每个人都是公平的。

如果静下心来，仔细想想，你会觉得寂寞也未必就是一件坏事。有些东西，只有在寂寞时才能看到，有些东西，只有在寂寞时才能得到的。在寂寞的笼罩下，我们完全以自我意识为中心。如果有家人或朋友陪伴在身边，意识一般会寄托在他们身上，遇到挫折时就想从他们那里得到安慰，得到帮助，而不去面对困难，解决困难，这对自己的成长是一种限制。人一生中会遇到各种机遇。只要你耐得住寂寞，进一步充实自己，不断完善自己，当机遇来临时你就能取得成功。

也有人这样说，平常心往往是经历磨难和挫折之后的一种心灵的升华，当你拥有了平常心之后你会发现自己的心境有了一定的提升。当然，也有人说过，"家有千金无非一日三餐，屋有百间无非放床一张"。这就告诉我们，贪欲不能让我们真正快乐，贪念反而会让我们变得十分的被动，所以这个时候不如平静地对待一切。当我们的付出与收获很难成正比的时候，更需要用一种平和的心理智地面对。我们要知道，能当元帅的毕竟是少数，更多的人在当士兵；世界上不仅有劲松，还有更多的小草。只要对社会有贡献，做事情无愧于自己的良心，在漫长的人生道路上以坚强的决心、持久的恒心、坚韧的信心和宁静的平常心对待一切，就会拥有开启成功之门的钥匙。所谓前途是光明的，道路是曲折的。我们应该做的是在平淡之中勇往直前，努力到达光明的顶点。

在人生路上，我们要真正领悟平常心的意义，并以此为人生准则，从中获取无限的欢乐与满足，做一个永远幸福的人。既需要有崇高的精神境界，又要有睿智的理性思考。如此说来。平常心的内涵博大精深，看似平常的"平常心"其实不平常。人生，平常心是道。平常心贵在平常，波澜不惊，生死不畏，于无声处听惊雷。拥有一颗平常心，便能笑对得失，从容面对生活里的幸与不幸，获得真正的幸福。

4 智者享受寂寞

寂寞是一种心灵境界。一个能耐得住寂寞并享受寂寞的人必定是一个热爱人生博爱世人的人，一个耐得住寂寞的人，必然是拥有富足心灵的人。不要害怕寂寞，因为现在的寂寞是为了以后不再寂寞，现在的寂寞往往成就的不是寂寞，而是胜利，所以说你现在拥有了寂寞，你也就具备了成为智者的条件，从而获得的将远远超过你希望得到的。

即使一个伟人，在灿烂光环背后，他们更多的时间也是在孤独寂寞中度过的。达尔文周游世界之后，关在家里度其一生。马克思策划了几次革命之后，以大英博物馆终其余年。大体而论，安静的生活是伟大人物的特征，他们的喜乐也不是外人心目中认为兴奋的那一种。一切伟大的成就必须经由不懈地工作，其精神贯注与艰难的程度，使人再没有余力去应付狂热的娱乐。只有懂得享受寂寞的人，才能够让自己拥有更多的快乐。

一个人能忍耐孤独享受寂寞，其实就接近一个哲学家的生活状态了，哲学家的世界既是千千万万人的世界，也是一个人的世界，即使只有一个人，心里也装着千千万万人的世界，所以不会觉得孤寂，心灵依然充实快乐。

智者会在寂寞中得到享受，他们会将寂寞看作是享受生活的大好时机，因为在寂寞的时候没有人会打扰你的生活，也没有人会跌跌撞撞地闯进你的世界里，所以说如果在这个时候，你能够去享受自己的寂寞，那么最终你所拥有的会是喜悦和快乐。你也能够利用这段寂寞让自己变得更加的轻松，或者说能够让自己的内心得到放松。一个成功的人，往往能够让自己的内心得到放松，利用好寂寞的力量，让自己成为一个智者。

一个拥有智慧的人，往往不会将自己的人生停留在短暂的现在，在他们的眼睛中，现在不仅仅是现在，现在也就是未来，他们会对现在的和未来的发生一定的联想，最终，就产生了一种智慧。这种智慧中必然会包括一样东西，那就是寂寞，智者都会享受眼下的寂寞，他们乐于这种寂寞，感受到这种寂寞带给他们的不仅仅是清静，而是更多的财富，沉浸在当下的寂寞中，并不是一件毫无益处的事情。

你觉得自己寂寞吗？如果你觉得自己寂寞，也不要总是低着头，消沉下去。要学会昂起自己的头，好好地静静的思索一番，想一想，现在的寂寞是为了什么，你可以用现在的寂寞创造出多大的价值，可以让自己拥有多少的成功。在寂寞的时候学会思考，这就是让你获得更多的人生价值，就是让你能够看到自己的成功，在寂寞中思索，最终你会拥有更多别人不曾拥有的快乐。

不少人对社会生活充满厌倦，他们逃避到小农庄上、静谧的乡下，或隐居的山洞中，在那里过着返璞归真的生活。这样的人不是在享受寂寞，而是一种内心的逃避，他们逃避的东西看似是奢华，但恰恰却是一种寂寞。所以说如果你为了逃避现实而选择寂寞，那么你将会永远地寂寞，因为逃避之罪往往会萦绕在你的心头，让你无法释怀。

让你的心灵寂寞一段时间，这并没有错，因为你拥有的不单单是寂寞，你可以用寂寞的时间来思考自己以后的人生，走出现在迷雾般的人生，这样让自己的内心得到升华。每个人都希望自己的人生能够变得精彩，而寂寞就像是五颜六色中的白色，你可以用白色的时间来让自己以前的人生得到平静，让自己以后的人生得到更好的安排。因此，寂寞的时间是宝贵的，一个智者会享受寂寞的日子，让自己以后的人生变得不再寂寞。

有人把我们的孤寂之感大致划分为两种：一是一个人幽居独处时的感觉，整个房间、整条马路、整个世界就只剩下你一人，这是一种自我被世界挤压下的孤独感；二是身居闹市之间却丝毫感觉不到这热闹与我何干，周围的人、事乃至周围的时间和空间都与自己毫无瓜葛一般，自己的身体在这里，心却不知早已飘向何方，这是一种自感被世界遗弃的孤寂感。

　　寂寞是一种人生状态，也是一种人生的心境，如果你能够得到这种心灵的升华，那么你得到的远远不只是平静那么简单，所以说不管在什么时候，都要学会享受寂寞。智慧的人生，是充满寂寞的人生，你可以细想每个成功的伟大人物，他们之所以伟大，是因为他们运用好了自己的寂寞，如果没有寂寞的短暂人生，那么最终是没有成功可言的。

　　生活告诉我们，一个优秀的灵魂，即使永远寂寞，永远无人理解，也仍然能从自身的充实中得到一种满足。而最寂寞的心灵，往往蕴藏着最热烈的爱。热爱人生，忘我地探索人生真谛，在真理的险峰上越攀越高，同伴越来越少，而智者与常人的不同就在于能够享受寂寞的乐趣。

5　桃李不言，下自成蹊

　　常言说：桃李不言，下自成蹊。说的是人只要忠诚、真诚就能吸引周围的朋友。这句话用在寂寞上的意思是，只有经过寂寞的煎熬，品尝到其中的滋味，方能懂得：人生在世，寂寞难免，经历寂寞，是顿悟人性，在人生的旅途中大彻大悟、获得境界的升华的前提条件。人在寂寞中煎熬就像破茧成蝶一样，毛毛虫若是不经过撕心裂肺的挣扎，就不能从茧的束缚中挣脱出来，也不会蜕变成蝴蝶，展翅飞翔。

　　寂寞像是一首歌，在很多时候，只有你能够听懂这首歌，你才会对自己的人生有新的认识，或者说你才能够让自己的内心得到更大的平静。每个人的人生都会经历十分重要的事情，而在很多时候如果你能够运用好寂寞，你会发现自己已经得到了新的提升，寂寞的时候你或许是痛苦不堪的，但是只有经历了才会得到更多的收获。

曾宪梓生在广东梅县一个贫苦农民家庭，新中国成立后，他依靠助学金念完了中学和大学。1961年毕业于中山大学生物系。1968年，从泰国来到香港。初来香港时，他两手空空，处境艰难。为了生活，他甚至为人照看过孩子。生活的艰辛的逼迫下，他有了创业的念头。一开始，他和妻子两人只是用手工缝制低档的领带。尽管夫妻两人起早摸黑，干得很辛苦，收入还是非常微薄。深思熟虑之后，他决定改做高级领带。直到1970年，他的领带在香港已经很流行了。同年，他正式注册成立了"金利来（远东）有限公司"。第二年，他在九龙买了一块地皮，建起了一个初具规模的领带生产厂。

这点小成就并不能让曾宪梓满足。他心中的目标是要创世界名牌。1974年，经济大萧条时，香港很多商品降价出售，金利来却反其道而行之。曾宪梓在不断改进"金利来"领带的质量的同时，特立独行地适当提高价格。出人意料的是，金利来的生意非常好，当经济萧条过后，"金利来"更是身价倍增，在香港领带行业独占鳌头。

"领带大王"曾宪梓不仅在事业上是成功的，而且作为一个中国人，他有一颗可贵的中国心。在香港创业不久，就开始对家乡广东的教育事业及母校作出捐赠。到目前为止，曾宪梓先后捐助的项目超过800项，涉及教育、科技、医疗、公共设施、社会公益等方面，捐款总额超过亿港元。

一个人从一无所有到功成名就的过程是漫长而寂寞的，只有能够经受这种煎熬，或许才能够真正地品尝到成功的乐趣。在通往成功的路上，寂寞正是凤凰涅槃般的煎熬和艰难困苦的考验。而正是在这种蜕变的过程中，我们才获得重生。

历史上无数人验证了"寂寞成就人生"的真理，因为寂寞你的人生才会变得精彩。同样地，因为忍受得了寂寞，十年如一日的生活，因此，这是常人做不到的，最终，他们能做到，所以他们成了伟人和成功者。而那些耐不住寂寞的人，往往贪图享乐、骄奢淫逸，经不住外界的诱惑，最后不是落得个身败名裂的下场，就是终生庸庸碌碌、无所作为。在大千世界中，滚滚红尘，人生与浩瀚的宇宙相比，渺小得不及一粒尘埃。一个人要想有所作为，就要耐得住寂寞，就要学习历史上的那些名人，花费十年、几十年的时间来成就自己的梦想。

事业上如此，感情上也如此。佛曰：十年修得同船渡，百年修得共枕眠。若不是经历这刻骨铭心的煎熬和修炼，你就无法为感情画上圆满的句号。所以说人的情感经历中，需要寂寞，寂寞在唱歌，感情才能够得到升华。

幸福是一种奇怪而微妙的感觉。正如我们很多人知道的：拥有金钱的人未必就能得到幸福，贫穷的人未必生活得不幸福。其实贫穷不可怕，而要想幸福更重要的在于心态。只要在贫穷时能坦然面对物质的贫乏，不在意物质上的享乐，就能找到快乐，从而感到幸福。人不应该太贪心。泰戈尔在诗中曾写道："翅膀绑着黄金的鸟儿飞不起来。"也如歌中所唱的那样："你幸福吗？我很幸福。你快乐吗？我很快乐。"生活中，我们很少听到这样自信和满足的回答。即使肯定做出回答的，也很少是物质富足的人。我们不停地追寻幸福，而人类追逐幸福正如小狗追自己的尾巴，越努力去追越是追不到，停下来幸福就在身边。

"五一"放假期间，若云和老公趁着小长假去海边散心，他们每天晚上吃完饭都要带着儿子去海边走走。儿子贪玩，他们就耐心地坐在软软的沙滩上，一边看着高兴的儿子，一边聊一些趣事，老公偶尔会帮若云理理被风吹乱的头发，并把薄薄的外套给若云披上。虽然五月的天气不是很冷，但是海边的风却凉爽。爱人之间相互关心，一点微不足道的小细节，却让若云的心里幸福极了。

若云一直都坚信：两个人从陌生到相识，从相识到相知，从相知到相爱，

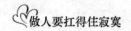

到最后能够走到一起是缘分注定，这便是幸福。他们的婚姻让她感觉很满足，因为她是个知足的人：每天早上醒来，第一眼看到的便是身边的爱人和儿子，这个大孩子和小孩子给她带来了一天的幸福和美好。想到这些，若云心里就像阳光一样灿烂。尽管这些温暖在别人眼里不值一提，但这是婚姻最真实的写照。当家庭的琐碎取代海誓山盟时，当厨房的油烟味取代红玫瑰的芳香时，人们知道坚实的婚姻背后是忍耐和宽容、体谅和迁就，与自己一生相伴的人共同牵挂着彼此，共同分享着快乐。

其实，真正的幸福纯粹而简单，可能就是上班前爱人的一句叮咛，分开时亲友的一句问候，回家时的一份呵护，喝酒时的一句关心的抱怨。如果人们能在平平淡淡中固守着一份执着和坚贞，能在平平淡淡中体会幸福的滋味，那么，生活中的点点滴滴都是幸福。

缘聚缘散，缘起缘灭，追不得求不得舍不得。漫漫人生路，总有一段路与寂寞有关；悠悠岁月，终有一段时光我们要与寂寞同行。我们要珍惜来到世上的福分，要像品咖啡一样，一口一口慢慢地细细品味，才能体味到人生百味，才会在寂寞中升华。有人说人生是一场修行，那么寂寞就是修行过程中的一种历练，只有耐得住寂寞才会超凡脱俗，才会脱胎换骨，获得精彩人生。

6　寂寞是一种韬光养晦

对于一个胸有大志，有梦想且有着强烈实现它的渴望的人，有时候选择低调，守住一份寂寞，是通往成功的另一种方式，我们可以称之为韬光养晦。

它是崛起前，一个低调的奋斗的阶段。能够忍受低调，扛得住寂寞的人，是一种随时可以高调随时可以不寂寞的人。

学会拥有寂寞并不是让你自甘堕落，不思进取。要知道寂寞也是帮助你成就自我的一种途径或者说是一种方式，很简单，当你能够让自己获得更多的进步的时候，你会发现自己的成功很多时候就是因为寂寞在帮助自己，或者说在很多时候你会发现自己之所以会寂寞是因为自己需要寂寞的时光，让自己清醒，让自己拥有更多的认识，所以说寂寞是一种韬光养晦。

不要认为自己现在的寂寞是永远的，因为寂寞就是一种自我的煎熬，没有人能够摆脱这种煎熬，当然，这种煎熬也不会伴随你的一生，不管在什么时候，你都要认识到当自己无法摆脱眼前的困境的时候，你不如选择寂寞地思考，当你能够认真思考自己的人生的时候，或许你会发现自己的成功真的并不是一件难事。因为你没有惧怕寂寞的可怕，没有因为无法抵挡眼前的寂寞而消极下去。一个想要成功的人是不会因为眼前的寂寞而退缩的，更不会因为寂寞而放弃了自己的梦想。

康熙在位时，四皇子也就是雍亲王，后来的雍正帝就是一个善于韬光养晦的人。太子因故被废了之后，皇子之间争储的斗争愈演愈烈。康熙晚年，储位未定，康熙预感到他死后儿子之间要有一场厮杀。曾经英明一世的康熙大帝无奈地说出了一段话："将来我百年之后，恐怕我尸骨未寒，你们就把我扔在乾清宫，开始操起刀枪争斗了吧！"

雍亲王见父皇这样厌恶兄弟之间的争斗，他自己多留了个心眼，既没有参加太子党，也没有参加八阿哥党。他的同母兄弟十四阿哥加入了皇八子党，他也不闻不问，不做任何反应，将自己一心想夺取储位的想法小心翼翼地藏了起来。

有一天，幕友戴铎告诉雍亲王："做英明的父亲的儿子难，过分表现，恐怕会引起圣上的怀疑；过分隐藏，恐怕又会被皇上鄙弃。"雍亲王听取了幕僚的建议，谨守韬光养晦的四条准则：第一，诚孝皇父；第二，友爱兄弟；第三，谨慎敬业；第四，戒急用忍。功夫不负有心人，曾经的雍亲王依靠这四条准则，一步步登上了皇帝的宝座。

韬光养晦是寂寞的，没有人知道你的鸿鹄之志，没有人理解你的低调。然而，在一些不利的条件下，韬光养晦反而是一种更好的出击，寂寞也是一种武器。学会运用这种武器，你才能够拥有更多的机会，才会实现自己的成功。

生活就是这样，不管你愿不愿意经历，很多事情必然会发生，即便你信心百倍地认为自己的生活不会失败，但是在很多时候很多事情，都会受到外界的阻碍和影响，如果影响你的是外界，那么在很多时候你是逃脱不了的。生活中，你必然会面临寂寞，当你寂寞的时候，你得到的会是什么？或许有的人，得到的是心灵的再一次冲击，或者有的人，得到的是内心的再一次洗礼，这都在你自己的选择，如果你能够正确地认识眼前的寂寞，那么最终欢乐和幸福就是你自己的，如果这个时候你无法面对自己眼前或者是深陷其中的寂寞，那么你会变得更加的消极，消极地对待自己以后的生活，这样你还怎么能算是一个成功者呢？你还怎么样实现你的人生目标呢？

条件对一个人的成功很重要，不管是在什么时候，都要思考到自己身边的条件，如果你想的只是自己的内心而不是自己身边的条件，那么最终你得到的将会是失败，或者是再次的寂寞。

东汉末年，正值乱世，曹操挟天子以令诸侯，培植了自己庞大的势力；刘备虽为皇叔，有着皇家的血统，却没有势力，过着寄人篱下的生活，为防曹操谋害，刘备在后园种菜，亲自浇灌，忍辱负重，隐藏着自己重振汉室江山的宏图大志。关云长和张飞蒙在鼓中，说刘备不留心天下大事，却学小人之事。

试想，如果当初刘备露出一点蛛丝马迹，就可能成为曹操杀戮的目标，也就没有以后三足鼎立的历史了。正是因为刘备扛得住寂寞，藏得住抱负，才让曹操不再疑心。历史告诉我们，当条件不成熟的时候，我们要学会忍受寂寞，学会韬光养晦，这样才有利于我们梦想的实现。所以说寂寞就是一种条件，一种让你拥有更多更大的力量的条件，如果你能够让自己的生活有更多准备的时间，那么最重要的就是要学会让自己拥有条件，走出寂寞，成就自我的条件，这就需要在寂寞中韬光养晦。

不管是古代还是在现代，生活中都不乏经历寂寞之后成功的人士，他们拥有的共同的特点就是，他们懂得在寂寞中修炼自己，懂得运用寂寞的时光让自己沉浸在思索和进取中，这就是一种进步，这种进步或许开始只有他们自己知道，但是时间一长，这种进步会表现出来，从而自然而然地让他们取得成功，要知道每一个成功的人，都有自己的故事，而在每一段故事背后都有一段寂寞的歌唱。

很多时候，我们看到的只是别人收获成功的一刻，似乎很多人都是一夜成名、一夜暴富。然而，当你真正了解那个人的时候，你才会发现，在功成名就之前，他们是怎么的孜孜不倦地追求过、付出过、努力过。付出之后你才会感觉到生活的快乐，因此，如果你敢于付出，那么你就会在寂寞中得到精神的升华。

7　人生是一场寂寞的修行

不错的，人生这场修行是要有寂寞相伴的。每个人从呱呱坠地开始，就脱离母体成为一个独立的个体生命。在家人亲友师长的照料关怀教育下，随着一天天地长大，我们日渐成熟独立。虽然我们能与人交流、与人产生感情，但这交流总是受限制的，我们无法让人完全理解我们的所有想法，也无法真正理解别人的所思所想。所以，有人说人生得一知己足矣，可是就是这知己也是可遇而不可求的。

人生中，没有人能够陪伴你一生，即便是你的父母，也不可能总是在你的身边，如果这个时候你能够意识到这一点，那么你就应该让自己敢于接受生活中的寂寞，只有当你领悟了寂寞的时候，你才能够在真正寂寞的时候沉淀自我。即便是你的朋友，也不可能陪伴你一生，也不可能总在你的周围，天天让你感受到快乐，所以说这个时候你就要学会寻找快乐的机会，让自己在寂寞中修行，在寂寞中寻找快乐。

每个人的生命都如同一棵成长中的树一样，虽然我们相互依靠，甚至成群结伴，一起组成蔚为壮观的广阔森林，成为森林的海洋，然而整个森林里的每一棵树都是独立的，每棵树都有自己生存的空间。每棵树的成长都是要靠自己，靠着自己的能力来拼命汲取养分，它们独自承担风雨，最终成长成参天大树。试想，如果不是不同生命分离开来，我们也便失去了自我，也就不会有彼此，更不会有独立于自我而存在的那个浑然一体的客观世界。也许，这独立正是生命意义的所在吧。倘若我们忍受不了孤独和寂寞，也就体会不到孤独和寂寞的意义，更别说参透自己与他人、自己和客观世界的关系了，就会错失领悟生命真谛的良机。

海明威的一生是在孤独中度过的。在《海明威全传》中柳鸣九这样写道："诺贝尔奖获得者，就是西绪福斯式的巨人，他们的人生是充实的、不朽的人生。"毋庸置疑，海明威的人生是充实而不朽的。但是除了充实与不朽，海明威的人生更重要的特点就是孤寂。自打开始写作、品尝了爱情，海明威就注定了要踏上人生的孤独之旅。他与孤独的缘分主要在于他的性格爱好。

无论是观察海明威一生的轨迹，还是感受他的作品，我们无不感受到一种浓郁的孤独之感。

关于海明威的传记很多，大多都说少年海明威和母亲格蕾丝的关系不是很和睦。可以想象，连自己至亲至爱的母亲都与自己相处不好，海明威的个性肯定会有一些孤僻。长大后的海明威喜欢拳击，与大多数体育运动不同，拳击不需要集体合作。拳击不需要协作，它是凭一己之力在有限的时间内把对手击倒的一项体育比赛。在比赛中，无论胜负，都注定了无法逃避的孤独。被人击倒，继续去孤独中磨炼；击倒别人，便失去了对手，只有在孤独中等待。

海明威的感情世界依然是孤独的。海明威一生经历了四次婚姻。与玛丽的第四次婚姻，之所以能够维持到生命结束，最重要的是因为玛丽有宽容海明威一切的胸怀，而激情不再的海明威确实也需要一个有韧性的伴侣的照顾。海明威的最后一次婚姻是最和平的，爱情也是最平庸的，妻子玛丽对他的爱远远超过了海明威付出的爱。然而，这段婚姻中，海明威是孤独的。《乞力马扎罗的雪》中第一句话是这么写的：

乞力马扎罗是一座海拔 5895 米的常年积雪的高山，据说她是非洲最高的一座山。

由此，海明威的孤独映现进他的作品中了，他的作品是他的人生的写照。他的孤独和寂寞让他成就了属于自己的艺术，所以说这种寂寞也是一种自我的修行。

人生是一场漫长而孤独的旅程，每一个阶段都犹如生命列车不同的站台，每到一个新的站台，都会有人上车，也会有人下车。也许上车的人你素未谋面，以前从未接触，而下车的人可能与你已分外熟识，甚至是至爱亲朋。在人生列车不断停靠、人们不断上下车过程之中，你与很多人擦肩，你们或许陌生或许熟悉，但无一例外的是注定成为彼此生命中的过客，人生漫长旅程中，没有谁能始终陪伴你左右。能够陪你从始至终的，只有寂寞与孤独。

　　无独有偶，伟大的人士的人生都是寂寞的。正所谓，古来圣贤皆寂寞。尼采的一生都是在孤独和寂寞中度过的，他在孤寂中不断思索、不断追问，"像一缕青烟把寒冷的天空寻求"，然而孤独给了他丰厚的回报，最终他成为一个超越时代的哲学家。读过尼采传记的人都知道，他身上散发出一种浓郁的孤独气息，他那冷峻、深邃的目光像要灼穿人类的灵魂，而他用寂寞中的沉思所写出的那一行行充满幻想的优美文字，则是人类文明史上华美的一章。

　　我们虽不能像那些伟人一样忍受如此寂寞的生活，但至少可以从中得到许多启示。他们的故事告诉我们，只有在寂寞中，我们的心才可以静下来，才能去真正思考那些生命中最重大、最紧迫的问题。

　　不管是做什么事情，也不管你的人生有多么的难过，你需要的不仅仅是寂寞，当你寂寞的时候你会得到什么？或者说你希不希望自己的生活变得寂寞，如果你能够寂寞地对待自己的人生，从中了解自己寂寞的原因，那么寂寞的时光就是你的人生的一种修养。

　　人生就是一种修行，不管你经历什么，不管你为什么而工作，你得到的就是经历的，同样地，在你的生活中，你经历的东西往往并不是人生的一种简单的经历，在生活中，你经历的往往是修行，每个人都希望自己能够得到更多的东西，拥有更丰富的财富，但是如果你不懂得运用自己寂寞的修行，那么最终你是不会看到云开雾散的那一天的。

　　你的人生是什么样的呢？你当然希望自己的人生像是一道道彩虹一样绚丽多彩，但是要知道彩虹不会是轻而易举出现的，要具备的条件很多，不仅仅要经历风雨，更需要阳光，而人生的彩虹，恐怕离不开寂寞，当你寂寞的时候你的内心是否会受到煎熬呢？如果你将这种寂寞当作是一种简单的自我体验，那么你得到的会很少，如果你能够得到很多，那么最终你是会实现自己的成功的。

8 寂寞旅行，照见自己

人缺少的往往是一份自己独处的淡定的心，太过喧嚣的生活环境里，我们更容易迷失自我。唯有独处，唯有自我反省，我们才更能看清自己，从而拒绝诱惑，耐住寂寞。独处的反省，让你看清自我，认清自己，最终让自己的人生旅途更加的顺利。

每个人都需要对自己人生的每个阶段进行思考，不管是什么样的人生，都要进行认真的思考，如果你能够让自己的生活变得更加的顺利，那么你就需要很多的思考，当你思考的时候，最终得到的也不仅仅是胜利，还有不一样的人生，当然，如果你忍受不了寂寞，那么最终你也不会看清自我，更不会给自己一个很好的定位，最终实现自己的成功。

传说在西西里岛附近海域有一座塞壬岛，在那里，生活着长着鹰的翅膀的塞壬女妖，她是一个非常可怕的妖怪，会昼夜不停地唱着动人的魔歌诱惑来往的船只靠岸。奥德修斯叮嘱同伴们用蜡堵上耳朵来逃避女妖的诱惑。然而，好奇心极强的他，没有塞住耳朵，因为他想听听女妖的声音到底有多美。他吩咐同伴们把他绑在桅杆上，并要求无论如何都不能给他松绑。

船行到中途的时候，奥德修斯果然看到几个衣着艳丽的女子姗姗而来，她们声如夜莺，婉转跌宕，动人心弦。奥德修斯在美妙的歌声中开始迷失，他心中燃起了熊熊烈火，发疯般地大声喊着让同伴们给他松绑。然而同伴们对他的喊叫毫无反应，因为他们根本听不见他的声音。他的同伴们继续奋力向前划着船。欧律罗科斯看到了他的挣扎，明白他正在遭受着诱惑的煎熬，把他的绳子绑得更紧了。一船人就这样顺利地通过了女妖居住的海岛。奥德修斯也经受住了诱惑的考验。

这个神话故事虽然是虚构和夸张的。然而在我们的现实生活中，类似的事情却俯拾皆是。如果你无法忍受寂寞，最终得到的也不会是成功，因为在你的生活中，无法忍受寂寞，那么最终你会陷入一个又一个的诱惑中，最终你也无法实现自己的成功。

在20世纪60年代的时候，美国心理学家瓦特·米伽尔曾经做过这样一个实验：找一些4岁小孩子，发给孩子们每人一颗软糖，并告诉孩子们他们有选择什么时候吃糖的权利，但是结果不一样。如果马上吃，只能吃一颗；如果等二十分钟，就能吃两颗。结果，有的孩子等不了二十分钟，马上把糖吃掉了。而另一些孩子却熬过了对于他们来说非常长的二十分钟。在这二十分钟中，他们为了使自己耐住性子，有的闭上眼睛不看糖，有的头枕双臂、自言自语、唱歌转移注意力，有的甚至睡着了，当然这些孩子吃到了两块糖。

这个实验并没有结束，根据接下来的观察发现，那些在他们几岁时就能等待吃两颗糖的孩子，长大后更有耐性，做事不急于求成；那些只吃了一颗糖的孩子，到了青少年时期则更容易表现为固执、优柔寡断和压抑等个性。

在成人之后，前者要比那些缺乏耐心的孩子更容易获得成功，他们各方面表现都好一些。在后来几十年的跟踪观察中，发现有耐心的孩子在事业上的表现也较为出色。

事实证明，某种诱惑可能会满足你当前的需要，但是缺乏对于这种诱惑的抵抗力会妨碍达到更大的成功或长久的幸福。

现实生活中，各种类型的诱惑俯拾皆是。走在大街上，我们随处可见"五折优惠"、"购物抽奖"的招牌，很多人面对这样的诱惑，都容易被表象迷惑，从而中了人家的圈套，甚至最终被人卖了还帮人家数钱。不要轻易说你很能辨别诱惑，很多时候，诱惑都会穿上华丽的外衣，让人迷失自我。

一个人不懂得拒绝诱惑，最终的结果就是害人害己，往往是竹篮打水一场空，白白忙活一场。

而生活中也不乏懂得拒绝诱惑的人，他们最终实现了他们的理想，达到了自己的目标。

拒绝诱惑，不要在别人的糖衣炮弹下迷失了自我，因为在美好的表面下，一把长长的利刀会毫不留情地刺向你。

正如一个作家所说："其实人与人都很相似的，不同就那么一点点。"这区别于人与人之间的这一点点就在于面对诱惑自我克制的能力。自我调节情绪有着重要的意义，唯有能克制冲动的人才会更容易达到自己的目标。

这里所谓的目标可以是多方面的，具体内容也因人而异。作为一个平凡的人，也许我们很少面对金钱、权力与美色的诱惑，但是，这并不意味着这种诱惑真的不会出现，而且现实生活中各种各样或大或小的诱惑也会时时出现，以考验我们的意志力。简单一点说，很多人都知道吸烟有害健康，可是呢，很多人对于吸烟带来的快感难以拒绝，所以他们放纵自己继续吸烟。很多人也知道玩物丧志，但是面对喜欢的游戏等也难以克制自己，而投入对自己的人生更有益的事情中去。在人生旅途中，各种诱惑会随时出现，我们要像前面神话故事里的奥德修斯一样塞住耳朵，束缚手脚，战胜海上女妖魔法的诱惑，才能历经种种风险，最终回归自己魂牵梦绕的家园。

你对自己是否会有一个清醒的认识呢？你懂不懂得自己的内心世界呢？其实很多时候你并不明白自己在想什么，也不明白自己想要的是什么，但是这个时候你就要明白，如果自己一旦实现了自己的成功，那么最终你就会走出寂寞。每个人都需要寂寞来沉淀自己，但是这个时候你的寂寞就是一种旅行，要善于运用这种精神状态，从而认清自己。

寂寞的人总是很多，但是寂寞是难免的，每个人的生活都不会一帆风顺，但是如果你想要让自己的生活变得更加的顺利，那么你就要摆脱人生的诱惑，当你能够有一段时间将自己的内心沉浸在寂寞中，你会发现自己已经能够摆脱人生的很多诱惑，这个时候你的人生旅途会变得顺利很多。寂寞并不是一点好处都没有，但是如果你没有更多的耐性，那么最终你也是无法实现自己的成功的。每个人都希望自己能够成功，但是每个人的人生都需要寂寞的时候。

第二章

寂寞磐石，登高望远

　　每个人都有自己的理想和目标，对于一个为自己的目标去奋斗拼搏的人来说，长期的坚持奋斗和漫长的等候努力是一个寂寞的过程。然而，这寂寞的心境与历程却又是必不可少的。耐得住寂寞是一种心境、一种智慧、一种精神内涵，蓄积的惊人的力量。也许与寂寞为伴是痛苦的，但寂寞不是一曲悲歌，而是一条向前的大河，在迂回曲折中孕育出的快乐才是人生真正的快乐。在追求梦想的过程中，我们应该保持一颗淡定的心，站在寂寞的磐石上，等待成功。

　　或许你总是看到成功者表面的荣耀和灿烂，不曾想过他们背后经历了多少寂寞。或许你只是闻到了冬季梅花的芬芳，却不曾意识到梅花之所以能够开放经历了怎么样的严寒。要知道寂寞是通向成功的另一条道路，在这条道路上你需要的是忍耐，需要的是让自己摆脱浮躁，这样你才能登高望远，一览众山小。

1　灿烂的背后是落寞

《圣经》中有这么一段话：人啊！你为何跃跃欲试？你为什么这样急于求成？你要耐得住寂寞，因为成功的辉煌就隐藏在寂寞的背后。落寞的时候会有很多，不管是在什么时候要记住自己的落寞，如果没有落寞的时候，又怎会有灿烂的到来呢？

在《人间词话》里，王国维也曾说："古今之成大事者、大学问者，必经三种境界：第一种境界是'昨夜西风凋碧树。独上高楼，望尽天涯路'；第二种境界是'衣带渐宽终不悔，为伊消得人憔悴'；最后一种境界是'众里寻他千百度，蓦然回首，那人却在灯火阑珊处'。"这三种境界的含义分别是：

第一境界是一个迷茫的阶段：昨夜西风凋碧树。独上高楼，望尽天涯路。说的是做学问成大事业者，首先要有执着的追求、登高望远、瞰察路径、明确目标与方向和了解事物的概貌。这也是人生寂寞迷茫、独自寻找目标的阶段。

第二境界是一个执着的阶段："衣带渐宽终不悔，为伊消得人憔悴"，作者以此两句来比喻成大事者、大学问者，不是轻而易举就能得到的，必须有着坚定的信念，然后经过一番拼搏奋斗、辛劳努力、坚持不懈，直至人瘦带宽也不后悔的精神，才能取得成功。这也是人生的孤独追求阶段。

第三境界是一个返璞归真的阶段："众里寻他千百度，蓦然回首，那人却在灯火阑珊处"。这第三境界是说，做学问、成大事者，必须有执着专注的精神，反复追寻、研究，经过千辛万苦的探索之后，自然会豁然贯通，有所发现。这也是人生的实现目标阶段。

由此可见，要想获得成功，首先要耐得住寂寞，再加上不懈的努力和坚持，才能到达自己追求的境界。耐得住寂寞是一个人思想灵魂修养的体现，是难能可贵的一种素质风范。

在漫漫的人生中，寂寞总是如影随形，它如同喜怒哀乐一样，时刻伴随着我们。要正确对待寂寞，耐得住寂寞，其实很简单，关键就取决于我们对寂寞的认识和追求成功的动机。

如果一个人胸无大志、平庸堕落，他自然是耐不住寂寞的；假如你有着高尚的思想境界，有着追求事业的良好心态，就能够在纷繁复杂的生活中告别"声色犬马"，走出浮躁喧嚣的世界，真正静下心来，踏踏实实地干好工作，认认真真地做好事业。

在荧屏上，有这样一种演员，观众对他们既熟悉却又陌生。熟悉的是，在很多电影里不止一次地见过他们；陌生的是，尽管观众对他们的面孔熟悉，但对他们了解很少，甚至不知道他们的名字，他们就是"跑龙套"的。

众所周知的周星驰在早期剧集中也是扮演着微不足道的小人物，这些小人物的共同特点就是，除了一些梦想、一股气力和一点亲情外，其他一无所有。而在那个年代的香港，人们最看重的就是梦想。那个时代是一个有梦想的年代，无数香港人白手起家发家致富完成了自己的梦想，周星驰在演绎别人实现梦想的过程中也在努力实现自己的明星梦。

在当时众星云集藏龙卧虎的无线电视台，外形、造型、台型都非常优秀的年轻红星数不胜数，如周星驰一样"跑龙套"的很多人，无非是混口饭吃而已，刺客甲也好，路人乙也罢，都没有任何区别，只要赚点钱能够养家糊口就够了。

为了能赚一点糊口的小钱，本来性格沉闷的周星驰还不得不学着很油条的样子，跟人家插科打诨磨嘴皮子套近乎，有时候为一具死尸的差使也要费尽口舌才能争取到。几乎没有任何尊严可言，导演、场务、助理等等随便哪个人都可以对他呼来喝去。每当这个时候，周星驰心里都感觉很委屈，但是又必须坚持着、无可奈何地去忍受。关于这些陈年旧事，周星驰从不愿提起，每一次说起，都是一次难以缓解的伤感，连自己的情绪都很受影响。

如今影坛中的星爷，是经历了一个怎样的成长路程？每个人看到的都是他辉煌的一面，对于他 25 年的星路历程凝聚的甜酸苦辣，个中的辛酸是非常人所能理解的。他扛住了生活给他的考验，耐住了星路历程中的寂寞，几番拼打才获得了今天的成就。

只有耐得住寂寞考验的人，才会让精神灵魂在独处中得到升华，学会享受寂寞，在寂寞中创出自己的一番成绩。

王国维也曾经徘徊在寂寞的旅途中，1912 年，他与罗振玉一起去了日本，住在京都的乡下，用了六七年的时间，王国维系统地阅读了罗振玉大云书库的藏书，那段时间，他几乎与世隔绝。正是有了这六七年的寂寞，让他最后实现了自己的成功和辉煌。

郭沫若在甲骨文、金文方面的成就，也是得益于他 1927 年至 1937 年在日本的十年苦读。如果没有这些年的寂寞，他又怎么会实现自己的辉煌成就呢？

路遥在介绍他的《平凡的世界》的创作过程时，这样写道：无论是汗流浃背的夏天，还是瑟瑟发抖的寒冬，白天黑夜泡在书中，精神状态完全变成一个准备高考的高中生，或者成了一个纯粹的"书呆子"。所以说路遥也曾经寂寞过，今天他的灿烂离不开曾经的寂寞。寂寞之后，才能够实现自己的成功。

　　寂寞有的时候就像是一盏明灯，当你在灯光底下的时候，你往往感受到的是刺眼的强光，你根本找不到值得你去留恋的东西，因为这缕强光往往会影响到你的心情，如果在这个时候你不知道该怎么走，不妨停下来，在灯光下思索一下，最终你会发现自己前方的路。最终，你会发现自己已经走出了一条属于自己的路，最终也实现了自己的成功。

　　在这无数寂寞而痛苦的白天黑夜中，成就了无数颗明星，不管伟人们或者是有志之士怎么样的成功，他们都要经历一个阶段，那就是寂寞。他们往往会沉浸在寂寞中，从而沉淀自己，最终，得到的不仅仅是成功。所以说不管在什么时候，都要知道灿烂的表现是成功，实质则是无数个寂寞的黑夜。

2　梅花香自苦寒来

　　我们知道，梅花是中国传统名花，也是我国国花之一。梅花不仅因清雅俊逸的风度博得古今诗人画家的赞美，更以它的冰肌玉骨、凌寒留香被喻为民族的精华而为世人所敬重。中国的文人志士历来不乏爱梅、颂梅者。

　　梅以它高洁、坚强、谦虚的品格，给人以立志奋发的激励。在严寒中，梅开百花之先，独天下而春，因此梅又常被民间作为传春报喜的吉祥象征。有关梅的传说故事、梅的美好寓意在我国流传深远，应用极广。它象征着铁骨铮铮，不屈不挠，幸福吉祥。敢斗霜雪，疏放冷艳的梅花，在儒家正统观念涂抹下，成为高洁守道的凛然君子，不畏严寒的刚毅雄杰，惊顽起懦的勇猛斗士。

有谁知道梅花的芳香是由苦涩中孕育出来的，就像珍珠是蚌的痛苦的结晶，彩虹是暴风雨的产物一样，梅之香也来自苦寒中。所以，只有饱经风霜才能孕育出真正的芳香，平庸的人只知一味赞叹，丝毫没有觉察这芳香之下、硕果之中所包含的苦涩和艰辛。其实，梅花的香气并非发自花朵或所谓成就，而是来自寒冬中的一次次磨砺，正如很多人之所以成功，是因为走过了失败一样。

1795年贝多芬在维也纳举行了第一次音乐会，当时他弹奏自己创作的《第二钢琴协奏曲》，这首曲子征服了维也纳所有的市民，他也因此声名鹊起，成为著名的钢琴家。后来他又创作了《第一号交响曲》，同年，他又出版了三首钢琴三重奏。从而为贝多芬奠定演奏者与作曲家的双重声誉。

之后的五年里，第一号到第十一号钢琴奏鸣曲以及第一号到第三号钢琴协奏曲诞生。1799年贝多芬又完成了《第一号交响曲》。他凭着神奇的想象力，接连创作了震惊乐坛的名作。在这些作品中，弥漫着生命的欢愉与热情，而且表现了空前的自由意境，突破了连莫扎特都被束缚的严格形式。

正在贝多芬事业上一帆风顺，他的耳朵有了耳聋的疾病。这对于他是多么残酷的打击，为了怕人发觉他耳聋，贝多芬逐渐离群索居，自己变得愈来愈孤僻。而在此时，他与一名十七岁少女朱丽叶塔·古奇阿蒂相恋。著名的十四号钢琴奏鸣曲《月光》就是描述他们相恋的作品。

1802年贝多芬迁到离维也纳车程一小时的海利金宁静村庄作曲，他在那里完成了第二号交响曲。但耳疾恶化使他痛苦万分，因而他写下了海利根施塔特遗书，陈述悲惨遭遇与不幸。后来贝多芬又因康德的哲学观重建信心。"要忘掉自己的不幸，最好的方法就是埋头苦干"。此时他回到维也纳，乐思泉涌，1803 年写出了雷霆万钧的第三号《英雄交响曲》。此曲原想献给拿破仑，但因拿破仑加冕称帝，贝多芬愤而涂掉拿破仑的名字，改称为《英雄交响曲》。

同年，贝多芬又创作了极出色的第九号小提琴奏鸣曲《克罗采》、《华德斯坦》、《热情》等等。在这一连串作品中他表现出真正的功力，如《华德斯坦》与《热情》使世人如痴如醉。后来，他又创作出《第四号钢琴协奏曲》、《D 大调小提琴协奏曲》、第五号交响曲《命运》与第六号交响曲《田园》。最终，他成了一个著名于世界的钢琴家。

经历了苦寒的人生是悲痛的，然而正是这种悲痛中人类最宝贵的品质发了光。肯用一生的时光去忍受痛苦，坚持等待最后成功的生物只有人。也只有这种坚韧的人才能在经历风雨之后，体味到这种沁人心脾的芬芳。

现在的社会到处充斥着浮躁的气息，人们的周围全是奢华的诱惑。因此，受到外界的浸染，人们变得急功近利，因此，很多人为了成功不择手段，为了属于自己的利益，费尽心机。当然，对于这样的人来说，所谓的成功只不过是自我欲望的满足，所谓的成就也无非是势利的人们羡慕的眼光，所以他们喜欢这种浮躁，无法平静下来。失去坚忍的精神，缺少了内心的磨砺，人们变得浮躁，一边追逐幸福一边又叫嚷着痛苦与孤独。也许并不是空气污染或臭氧空洞，而是那一颗颗失去了忍耐、沉静的心，让我们再也感觉不到那诱人的芬芳。也许我们应该静下心来面对生活，认真地面对每一次挑战和磨难，重塑我们遗忘已久的坚韧的精神，即便在严寒后黑暗中仍然坚定地迈着向前的步伐。

也许你会觉寒冬里那诱人的芬芳是那么高不可攀，诚然，通往前方的路上有太多的黑暗，这些黑暗或许会让你感觉到孤单，这个时候，你需要的是坚持下去，坚持自己的梦想，坚持自己的成功，最终你会发现自己前方的路变得十分的光明。人生之路本来就不是一路平坦的，很多时候，没有鲜花也

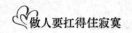
没有掌声，而是荆棘密布。但在这个过程中，要守住寂寞，勇敢地走下去。如果你做到了，那么你就能赢得自己的绚烂人生。

对于智者来说，寂寞是一种高品位的追求，去追求这种品位会让自己的内心得到满足，同样，寂寞也是风平浪静后的一份淡然，淡然之后才会有辉煌的出现。寂寞又是辉煌过后的一份谦逊，谦逊的人生才会是完美的人生。寂寞是对生命的一种善待，善待了自己的寂寞，也就等于善待了自己的心灵，最后，寂寞也是一种修为，这种修为的力量可大可小。

也许，寂寞时期对于有些人来说，是人生的低谷，同时也是最关键的一个时间段，守住了寂寞就等于见到了希望。寂寞面前，有很多人忍受不住，于是打破平静，被浮躁所俘获。岂不料，在这个充满着诱惑的世界里，浮躁的人很容易失去方向、迷失自己，那满腔热血、胸怀大志都被远远地抛在脑后。世界很精彩，世界也很无奈，浮华之前那份寂寞显得苍白无力，微不足道，守不住寂寞就等于放弃了自己的执着和梦想，最终会一直处在低谷中无法脱身。只有守住寂寞的人，才能把低谷作为新的起点，赢得自己精彩的人生。

梅花本无冬雪那么洁白，但是它懂得留下自己的清香，这让整个冬天都弥漫出香气。但是又有谁在欣赏着上天赐予的圣物的时候，想过它背后经历的苦难和寒冷呢？人亦如此，当你看到那些成功的人是多么的开心的时候，当你看到那些伟人做出多么令人羡慕的成绩的时候，你是否想过，他们的成功背后是什么，在他们成功之前又经历了多少苦难呢？

3　寂寞是通往幸福的另一条路

知道吗，寂寞也是通往幸福的一条途径，未必多么平坦，但最终会到达幸福的驿站。想通过寂寞这条路走向幸福，最需要的是克制自己的欲望。人的欲望可谓永无止境，甚至可以说是至死方休。计算幸福程度的公式是能力除以欲望，能力越大，欲望越小，就越幸福。

我们都觉得童年是自己一生最美好的时光，因为小孩涉世未深，接触的东西少，想要的东西也少，很容易满足。随着人的成长，我们的能力和欲望也在不断增加，当欲望膨胀的速度超过自身能力时，人就会陷入痛苦之中。想要幸福就要增加你的能力或者降低你的欲望，让两者保持一个相对平衡的状态，否则受折磨的是你自己，幸福其实只是种心态。

一对夫妻结婚七年之后，老公因工作需要出国了，一走就是四年。或许四年对于历史的长河微不足道，而对于苦等老公回归的妻子来说又是多么漫长。可她每天依然忙碌着，为了生活而四处奔波，为了家、为了儿子、为了老公，她快乐而平静地生活。

一天，她在街上偶遇高中同学林。林过去喜欢过她，把她当梦中情人。故人见面，两个人心里自然暖暖的。林见到她的第一句话就是："你还是那么漂亮。"两个人一起回忆当初的青涩岁月，林至今单身。当得知她家里的情况后，林经常到她家里帮忙。时间长了，她也被林的热情感动了。然而，在她即将动心的时候，她可爱的儿子告诉她，父亲就要回来了，他不想失去父亲或者母亲，她便冷静了下来。懂事的儿子用节省下来的零花钱为母亲买了一束漂亮的玫瑰。被儿子的举动感动的她，最终坚守住了家庭和婚姻。没多久，老公真的回来了，一家人又聚在了一起。从此，他们一家过着平静而幸福的生活。

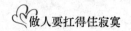

生活对于每个人来说都是平淡的，或者说生活本身就是一种平淡，也是一种忍耐的寂寞。如果你能够忍耐得住寂寞，那么最终你会发现寂寞就是一种幸福。外面世界很繁华很精彩，人们的心情也会因此而躁动，此时便需要坚守。只要人们把一切看淡了，就不会为那外面繁华所诱惑。

有心理专家曾说过，"幸福的人往往都是耐得住寂寞的"，这句话蕴含着深刻的道理啊。借一句流行的话说：婚姻是爱情的坟墓，但如果没有婚姻，爱情将死无葬身之地。这句话短小精粹，却也道出了爱情与婚姻的关系，写明了男女感情的归宿。一个人，不管你多么优秀、多么出众，有着怎样的美貌，倘若没有甜蜜的爱情和幸福的婚姻，即使过得开心，也算不上一个完整幸福的人。所以说，人们是万万不能把爱情和婚姻当儿戏的，甜美的爱情、幸福的婚姻是一个人一生最高的理想，值得你一生去追求去经历去实现。

如果你是一个女人，想要幸福的生活，那么就必须洁身自好。也许你是平凡的，既没有沉鱼落雁、闭月羞花的容貌，也不是出身名门，更不是毕业于名牌大学，这都没有关系，只要女人们自尊自爱，保持一颗积极向上、乐观开朗的心也一样会幸福。一个女人最重要的是被喜欢的人所爱，爱着喜欢的人。女人如花，有着亲情、友情、爱情的滋养才会开得绚丽。但凡做到这些的女人都能够坚守住寂寞、耐住寂寞，因为寂寞与幸福并存。耐不住寂寞的人，最终只能葬送幸福。

守住寂寞是一种心态，是幸福过后的沉寂，也是幸福到来前的守候。在曲终人散之时，人们的内心归于平静，与寂寞为伴，寂寞并幸福着；幸福之前，坚守自己的信念，终究会守得云开见月明。

可悲的是很多人只有等失去或离开之后才会发现，幸福与寂寞是如此亲密，像兄弟密不可分。人们会感慨甚至悔恨当初的浮躁，正是这浮躁在一点点地将幸福送远。以前从没细细品尝寂寞的滋味，现在才发现，寂寞也是一种幸福。

在这个世界上，每时每刻都在上演着各种各样的爱情故事：浪漫的、平淡的、辛酸的、甜蜜的。他们牵手过马路，脸上的笑容如阳光般灿烂，也许他们不知道在这些笑容的背后隐藏着什么。分开的时候也会有寂寞，但如能仔细品味，这种寂寞只不过是幸福的另一种表现形式。

其实，对于大多数人来说，幸福也是一件很简单的事情。平淡幸福随处可见，只要能做到懂福、知福、惜福，寂寞之后便是幸福。寂寞和幸福如同左右手，都是我们生活中不可缺少的。

很多人不明白这样一个道理，幸福有时候是需要付出寂寞的代价的，它与幸福成正比。所以，不管你是男人还是女人，请记住一句话，有一种寂寞叫幸福。

在现实生活中，有些肤浅和苍白往往以热闹的表面呈现在人们面前。喜欢热闹的人，往往喜欢被很多朋友围绕，一般都耐不住寂寞，这种人很少有多少真正的内涵。还有人喜欢独处，孤身一人却欣然自乐，这种人懂得寂寞中生活的乐趣。

有位学者曾说过："在这个世界上，我们要耐得住寂寞，因为有一种寂寞叫作幸福。"

能够在寂寞中幸福的都是真正懂得人生大智慧的人。在黑夜里悄悄绽放的百合没有寂寞，因为它想让山谷更加美丽；在贫瘠的石缝里默默穿梭的小溪没有寂寞，因为它理想的大海就在前面；在烦闷的夏日里吱吱鸣唱的蝉没有寂寞，因为它对生活充满希望。无可厚非，对于智者来说，寂寞只不过是通往幸福的另一条途径而已。

没有人不希望自己得到幸福，当然也没有一种幸福是那么容易就能够得到的，所以说不管在什么时候，你都要明白，如果你想要得到一种幸福，那么就要为这种幸福付出一定的代价，当然，很多人是聪明的，他们懂得寂寞，

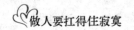

懂得运用寂寞来让自己实现幸福，这就是一种人生的智慧，或许只有经历寂寞，才能够明白什么是幸福吧。

4　成功与浮躁者无缘

追梦的人为了成功，必须戒骄戒躁，克制欲望，做一个潜心者。潜心者，就是用心专且深。这不仅是一种态度，更是一种精神：即坚韧不拔的精神，迎难而上的精神，追求卓越的精神。原始创新也好，集成创新也好，消化吸收再创新也好，都是在探索和突破，不可能一蹴而就，最需要潜下心来攻坚克难。

我们都知道，一个成功者，往往是一个比较理性的人，或者说，起码是一个比较稳重的人，这样的人在面对事情的时候，才能够清晰地去思考，如果总是沉浸在自己的情绪中，变得十分的浮躁，那么最终你会发现，其实成功已经离自己远去。因为成功与浮躁者无缘。如果，你想要实现自己的成功，那么就不要让自己变得浮躁和没有忍耐性。

相反，如果一个人的能力和欲望失去平衡，欲望超过能力，那么这个人就会变得浮躁，在追求目标的过程中变成痛苦的奴隶。不论是经营一家公司，还是要治理一个国家，抑或只是做一个平常人，都要处理好二者的平衡关系。

中国有句古话，"知人者智，自知者明"。一个人不能太过高估自己，对自己的能力要心中有数，同时也要学会管理自己的欲望，否则当欲望和能力差距太大的时候，即使再有雄心，只能想得越高，跌得越重，因为成功需要脚踏实地，与浮躁无缘。

如果你想要拥有自己的事业，或者说如果你想要拥有属于自己的一片天空，那么你就要学会让自己的情绪得到一定的控制，也就是我们经常说的情绪自控，如果你做事情总是希望按照自己的意愿，不去分析事实，更不去参照事实，那么，最终你就会发现，自己的成功其实已经不简单，所以说要学会控制自己的情绪，让自己的情绪帮助自己实现成功，最终你会发现自己已经不再浮躁。

"我有我的性格"，或许你会骄傲地这样说，将自己的浮躁当成是一种属于自己的个性，那么这样你就完全错了，每个人的个性都从属于他的本质，如果你将自己的性格或者是说本质定位为浮躁，那么最终你是无法运用好自己的个性的，所以说不管在什么时候，都不要将自己的浮躁当成是一种个性，最终，你就会发现自己终会成功。

曾经有位郊区的农夫，他靠着祖上传下的几亩农田为生，整日里面朝黄土背朝天地干活。后来，人们在附近发现了油田，无数外地人纷纷赶来淘金，这里的经济飞速发展着，三年之后，农夫所在的城郊已经发展成繁华的城市，他的几亩地被高楼大厦团团围住。农夫不再种粮食了，他决定养花种草，因为在城市里花卉的价钱比粮食高。时不时还有人来他这里参观游玩，享受那一份城市里少有的悠闲而宁静的田园风光。很快五年过去了，原来的农夫成了优秀的园丁，他的房子和土地也已经成了一座非常漂亮的私人花园。

如今，农夫摇身一变做了花卉公司的老板，坐拥千万元的资产，管着百名员工，虽然称不上巨富，但在当初的郊区一带所有人中，他是最成功的。以前的邻居都后悔当初放弃土地，如果当初坚守下来，他们也许比现在成功一些。

农夫也好，你也好，想要能够最后成功，就要做到不为周围的浮躁所动，坚守着自己的寂寞与信念。假如我们能像农夫一样认清自己，明确目标，坚定意志，并且拥有足够的耐心，那么成功也许就在眼前了。所以说，成功在于坚守寂寞。

缤纷世界，喧嚣红尘，尘世里的你我，时时处处可能都会遇到诱惑。正如有人说的，寂寞考验的是心境，诱惑考验的是定力。在诱惑面前静不下心、守不住神的人，注定一生在浮躁中蹉跎岁月，最终只会是一事无成。古人云："静而后能安，安而后能虑，虑而后能得。"所以说不管做什么事情，都要让自己找到内心的清静，让自己的内心得到平静，最后找到那一丝丝的成就。

从容淡定是一种气度与志向，洒脱娴静是一种能力与修养。还是那句话，成功与浮躁无缘。凡是成大事者都需要有大境界，大境界就意味着要守住寂寞。守住寂寞的人，看清的是自己所面对的时局与环境，牢记的是自己的使命与责任，保持的是旺盛的斗志与激情。坚守寂寞，摒弃浮躁，才能真正成为人生舞台上的赢家。

在我们的生活中，寂寞总是充盈出变质的味道，但是无论如何，你也不要因为寂寞让自己的生活变质。浮躁的情绪往往不会让你感受到成功，相应地，你最终实现的往往也不会是成功，所以说不管在什么时候，都要学会控制自己的情绪，让自己摆脱浮躁，最终成为自我，成就自己的未来。

5　寂寞人生是一种修行

如果你把寂寞当成是一种修行，人生无处不寂寞，活着本身就是一场修行。有人说，寂寞是人生的底色，这句话是非常有道理的。能够把寂寞当成一种修行的人是具有大智慧的智者，寂寞修行让我们学会从容地面对喧嚣的尘世，从而获得心灵的一份恬静。

在寂寞的漫漫长夜中，我们需要用一颗平和朴实的心，坐看云起潮涌，闲赏落花秋月。如果你有了这种豁达的胸怀和心境，你就能在滚滚红尘之中做到心远地自偏，达到人生的一种境界；你就能理解"云是天上的花，装饰着天空的梦"是多么迷人的意境，从而让自己的寂寞创造出更大的价值。

寂寞的人生是一种修行，要知道一个人的自我修行是无处不在的，所以说当你感受到了自己的修行的时候，你会发现自己最终会实现自己的成功，每个人都有自己的人生境界，但是要知道寂寞的顶点往往不是寂寞，而是成功。

天在变，人在变，物在变，一切的一切或许都在发生变化，但是无论是在什么样的情况下，寂寞是不会远去的，如果你能够看透自己的寂寞，让自己寂寞的时候感知自己存在的价值，那么，最终你会发现自己的人生往往变得精彩，自己头顶上的那片天空已经变得十分的壮美。

宋代大文学家苏东坡自恃才高，感觉自己修禅到了一定境界，于是写了一首诗：稽首天中天，毫光照大千。八风吹不动，端坐紫金莲。写完之后颇为得意，就吩咐书童把刚写好的诗给好友佛印送过去，心里暗想，这下佛印肯定赞不绝口了。不料，佛印看过之后一言不发，只是挥笔在后面写了"放屁"两个字。见了佛印的回复，苏东坡怒火中烧，立马过江去找佛印理论

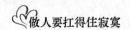

去了。

这些早在佛印的意料之中，于是没等苏东坡过来，他早就立在江边等待他来兴师问罪了。苏东坡看到佛印就大声问道："我好心让你评诗，你不赞赏也就罢了，怎么能骂人呢？"佛印像个没事人一样，平静地答道："有吗？我骂你什么了？""你看这两个字，明明是骂人。"苏东坡指着"放屁"两个字说道。佛印听完哈哈大笑："我的大学士，你不是说'八风吹不动'吗？现在一个小小的屁就把你扇过江来了，看来只是能说不能做啊！"苏东坡到此才恍然大悟，只好低头不语，唯有惭愧而已！

苏东坡自以为修禅到了一定境界，然而，事实证明，他对是非成败，荣辱得失还是看得比较重的，所以，佛印一个屁字让他就坐不住了，成了朋友间的笑柄。只有运用我们无上的智慧，一心观照缘起性空的谛理，不再为虚妄的外在环境所迷惑，才能真正达到"八风吹不动"的境界。

人要注重自己的修行，无论在什么时候，如果你想要实现自己的修行，只有在寂寞中，我们才能静下心来，才能去真正思考那些生命中最重大、最紧迫的问题。所以说，在寂寞中修行，为自己的成功修行，这就要懂得运用寂寞。

你是否将自己的寂寞当作了对自己的一种锻炼，如果你能够利用好寂寞来让自己的内心得到修炼，那么你会发现自己的人生，最终也不会是一种虚度。每个人的人生都不会变得虚无缥缈，要知道人生在世，最重要的就是得到自己想要得到的，所以说每个人都希望拥有一个成功的人生，这个时候你更应该懂得享受寂寞。

王籍有一句诗写得非常好，"蝉噪林逾静，鸟鸣山更幽"。真正的智者，有大作为的人，是那种闹中取静的人。曾经有位国王想要宫廷画师描绘一幅表现安静的画，最终有两幅画入选，一幅是安静的田园乡村，平淡祥和；另一幅却是电闪雷鸣、风雨大作，但在悬崖上的鸟巢里却有几只雏鸟睡得正酣。

国王三思之后留下了后者。这个故事同样说明，最高的安静的境界是在喧闹中获得的，所谓鸟鸣山更幽。

全世界都表扬你的时候，你也不要自满，全世界都责怪你的时候，你也丝毫不会沮丧。能做到如此，就是因为能够确定自己的内心和外在有什么区分，要能够明辨荣辱，不为所扰。寂寞的时候你要懂得享受这份平静，繁华的时候你要懂得寻找寂寞的平静，没有人希望自己是寂寞的，当然也没有人希望自己得不到修行，只有修行的时候，你才能够让自己变得更加地拥有价值，这也就是寂寞的价值。

要成大事者，除了孜孜不倦的努力之外，他们大都修得一份淡泊的心境，无论遇到什么局面都能从容应对。如果能做到范仲淹《岳阳楼记》写的那样，"不以物喜，不以己悲"，大概就离修成正果不远了吧。然而能做到这种心境的人还是少数。

一个成功的人，是懂得让自己在寂寞中修行的，当你发现自己的成功将要到来，你可以去回想，看看自己走过的路，你会发现自己之所以能够成功，很大一部分原因是自己已经掌握到了修行的秘诀，而这种秘诀就是寂寞。寂寞并不是让你变得无所事事，让你消极应对自己的人生，相反，寂寞是一种坚持，坚持现在的自己，坚持自己的未来，如果你懂得了坚持，那么最终你将会看到很多的成功，如果你不懂得坚持这份寂寞，最终，你得到的不会是你想要的成功。

一个伟大的人，往往有着别人羡慕的成绩和事迹，很多人希望自己也能有这样的业绩，但是却不知道怎么去做，这个时候要想实现自己的成功，那么很大一部分原因，就是要学会让自己看到自己生活中的寂寞。一个人的人生中拥有寂寞并不是一件可怕的事情，当你寂寞的时候，也不是一件不好的事情，因为只有在寂寞中，你才会发现自己的成功不是一件难事，也只有在寂寞中，你才能够让自己获得更多的东西。

人生是一场寂寞的、漫长的修行，拥有大智慧的人会把寂寞当成人生成长的养料，让生命之树常青，甚至开出绚丽的花来。人生就是一个舞台，充满迷雾的舞台，当你在迷雾中行走的时候，你想要得到的是什么呢？这个时候你就要学会寂寞的选择，让自己最终走出寂寞，也是自己的寂寞的价值。

6 用寂寞修一颗无我的心

老子曾说："宠辱若惊，贵大患若身。何谓宠辱若惊？宠为下，得之若惊，失之若惊，是谓宠辱若惊。何谓贵大患若身？吾所以有大患者，为吾有身。及吾无身，吾有何患？故责以身为天下，若可寄天下。爱以身为天下，若可托天下。"

何为宠辱？其实，宠与辱往往是相对心境来说的。宠是得意的总集，辱是失意的代表。一个看重名利的人，一旦得意就容易忘形，忘乎所以；反之，修养不够的人在失意时也陷入悲观失落的境地。因为不能忘我，所以有所困惑，而在进入无我之境时，就会没有忧患，便可以承担大任。

"无我"并非看不到自己存在的价值，更不是对自己一点也不信任。要知道"无我"的境界是一种超然的境界，你的存在要有一定的价值，但是在你做事情的时候又不能只是单纯地考虑到自己的利益，要学会将自己与别人甚至是社会融合在一起，只有这样你才能够真正做到"无我"，也才能够真正地让自己的内心得到平静。

　　一次，在课堂上，有位学生问国学大师南怀瑾爱情哲学的内涵。南怀瑾回答，人最爱的是"我"。所谓"我爱你"，那是因为我要爱你才爱你。当我不想，或不需要爱你的时候便不爱你。所以，爱便是自我自私最极端的体现。南怀瑾强调说，这里的"我"不仅仅指肉体。面对危机，壮士会选择断腕，由此，为了求生，人不愿却不得不忍痛割舍与生俱来、唇齿相依的肢体。所以，就算是自己贵重的身体，到了生死攸关之际，也不是人的最爱，就更不要说与我们山盟海誓卿卿我我的恋人。明朝有个木有堂禅师曾写下这样的诗句：天下由来轻两臂，世间何苦重连城。讲的就是这个道理。

　　上面的故事说明人是很难到达无我之境的，也就是说"爱的最高境界是无我"。曾经，有一对夫妻同甘共苦，相濡以沫，终于走出困境。当有人问妻子："如果有来生，你还会嫁给他吗？"妻子的回答让人惊讶而赞叹："为什么要问这个，如果有来生我要变成他，要他变成我。我要品尝他为我经历的苦楚，同时让他体会被爱的幸福。"

　　不只爱情，人的一生中很多事都是这个道理，如生活和工作。与其将其当作一种追求，不如把它看成一种享受。面对困境，要心平气和地投入你最感兴趣的事物中，工作也好，读书也罢，一旦全身心投入，就会慢慢忘记自己的存在。连自己都忘记了，周围的事物就自然而然地消失了。"好读书，不求甚解，每有会意，便欣然忘食。"陶渊明的读书境界，想来可能就是这个样子吧。青少年时期的毛泽东，经常在闹市区看书，心无旁骛，让很多人由衷地佩服感叹。

　　在佛学中，"我"是不存在的。埋下一颗种子，最后长成了树，种子并不是树，但是种子和树有因果的关系，这里并没有所谓"我"和灵魂的存在。

　　瑞典的一户富家女儿，小时候得了一种罕见的瘫痪症，打那儿以后，小女孩的双腿丧失了走路的能力。怕女儿在家会得抑郁症，父母决定带着女儿

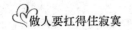

四处游玩。

一次，一家人在海上航行的时候，和蔼可亲的船长太太与小女孩聊天。尽管环游四海，看到船长家的天堂鸟，小女孩还是非常好奇，因为这只天堂鸟太漂亮了。船长太太有事离开了，女孩对那只素未谋面的漂亮天堂鸟十分着迷，萌生了要去亲自看一眼的想法。保姆走开了，不在女孩的身边。女孩按捺不住强烈的想法，于是让路过的一名船员带她去找船长。船员并不知道女孩不能行走，就只管前面带路。因为急着看天堂鸟，看着船员在前面走，她自己竟然也慢慢地走起来。就这样，在一种忘我的状态中，小女孩的腿又能走路了。长大后，她又忘我地投入文学创作中，创作了不少深受读者喜欢的作品。其中，《骑鹅旅行记》还获得了诺贝尔文学奖，让她成为第一位获此殊荣的女性，也许，故事到这里很多人都猜到了主人公的名字，她就是西尔玛·拉格洛芙。

修行最高的境界就是无我。不过现实生活中很少有人能够做到。太多的人偶有成绩就沾沾自喜，他的言论让人很不舒服，他的存在让人感到别扭，他的自我让人感到不爽。

在你的人生中，你希望自己得到什么？其实每个人都是自私的，在很多时候都在围绕着自己打转，但是要知道这个社会中，不允许过多的自己出现，也就是说在很多时候，你自身的利益往往会影响到别人甚至是一个团队一个集体，这个时候你就要明白，其实不管是做什么事情，我们都不能太"自我"，要学会"忘我"。

自我的人生往往是狭隘的小路，让你总是有峰回路转的感觉，如果在你的生活中充满的不仅仅是自我，想到的往往是别人，那么你的人生就不会那么的崎岖。修行的最高境界是忘我，也就是当你做事情的时候，第一个想到的不是自己，而是别人，如果在这个时候，你不懂得这一点，你就无法感受到人生的乐趣。

在生活中，我们经历的事情各种各样，不管是做什么事情，我们的内心都希望得到平静，但是要知道，不管是做什么事情，都要让自己变得轻松，不要因为太专注于自我，而让自己成了一个失败者，世界不会按照你的意愿来发展，所以说这个时候，你要想实现自己的成功，就要明白这一点，学会修炼自己，让自己成为一个智者，驯服自己的内心世界，让自己做到无我。

正如有人所说，领悟无我是智者的最高境界，驯服自心是修戒的最高境界，为别人着想是道德的最高境界，时时观察自己的心相是最好的教诲。无我是智者的最高境界，所以说你想要成为一个智者，或者是想要成为一个成功的人，那么就要学会让自己变得"忘我"。

7　寂寞中，诱惑是一种毒药

诱惑就像是一朵玫瑰，当你看到美丽的花朵的时候，你是否看到了花朵下方的荆棘。魔由心生说的一点都没错，这是一个充满诱惑的时代，在生活中我们常常感到空虚，我们因寂寞而变得浮躁，在寂寞中迷失自己，在寂寞中跌跌撞撞……

香饵之下，必有死鱼；重赏之下，必有勇夫。对于混迹在红尘中的凡夫俗子，诱惑就像一个巨大的磁场，有着强大的磁力。如果你的心里恰好有贪欲，那么就很容易被这个巨大的磁场吸引。诱惑的磁力往往能够让你变得失去理智，在更多时候，你看不到事物的本质，得到的仅仅是美好，其实这个时候的美好就是一种假象，诱惑你的假象。

男人想拥有金钱、名誉、家庭、爱情……甚至是全世界，到最后，他还为背负这些"拥有"感到郁闷。男人与女人谈恋爱往往感到恐惧，他承担不起一个女人的一生，却渴望更多的女人做他背后的支撑。女人需要安全的港湾，但也要这个港湾够坚固、够长久。

人都说，普天之下莫非王土，率土之滨莫非王臣，身为九五之尊，天下尽在手中的国王，按理说应该满足了吧，然而事实正好相反呢，国王也有国王的烦恼。

曾经有一个国王，他对自己的生活还不满意，尽管他也有意识地参加一些有趣的晚宴和聚会，但好像一点作用都没有，总感觉生活缺点什么似的，索然无味。有一天，国王一大早就起来，他决定在王宫中四处转转，当国王走到御膳房时，他听到有人在快乐地哼着小曲，循着声音，国王看到是一个厨子在唱，脸上洋溢着幸福和快乐。国王非常奇怪，把唱歌的厨子召来问话。国王问他，你为什么这样快乐啊？厨子答道："陛下，虽然奴才只是个厨子，但有办法让我的老婆开开心心的。我们一家人没有什么奢求，所需不多，头顶有间草屋，肚里不缺暖食，就足够了。对于我来说，老婆和孩子是精神支柱。我的快乐，主要是来自我的家人。"

听到这里，国王打发厨子先回去，随后把宰相叫过来，跟他说起了这件事，宰相听完说道："陛下，我确信这个厨子还没有成为 99 一族。"国王诧异地问道："99 一族是什么？"宰相用接下来的行动做了回答。

宰相派人将一个装了 99 枚金币的包，放在了那个快乐的厨子家门口。回到家的厨子，看到门前的包，出于好奇将包拿到房间里，当他打开包，先是诧异，随即狂喜，厨子数了数，觉得少了一枚，于是他数了一遍又一遍，的确是 99 枚。他开始纳闷：没理由只有 99 枚啊？于是，厨子开始寻找，把整个房间翻遍了，又去院子里寻找，直到精疲力尽，他才肯罢休，因为没找到那一枚金币而沮丧万分。既然找不到那枚金币，于是他决定从明天起，他要加倍努力工作，早日挣回一枚金币，他的财富就正好一百枚金币了。

接下来的日子，厨子起早贪黑的，确实很辛苦。因为夜间辛苦了大半晚，第二天早上他起来得有点晚，情绪也极坏，对妻子和孩子大吼大叫，责怪他们没有及时叫醒他，影响了他早日实现挣到一枚金币目标。他每天匆匆忙忙地来到御膳房，往日的兴高采烈也不见了，只是一味地干活。

国王看了厨子情绪变化如此之大，很是疑惑。宰相告诉国王，这个厨子之所以不开心，是因为他现在已经正式加入99一族了。所谓99一族是这样的：他们拥有很多，但从来不会满足，他们拼命工作，为了额外的那个'1'，他们苦苦努力，渴望尽早实现'100'。

这一类人是无法获得快乐的，因为他们不知足，他们总把目标立得很远，因为一直在不停地追逐完满，以至于忽略了眼前的幸福快乐。这样的人，看到的总是诱惑，根本无法真正地领悟收获的快乐。当大厨被诱惑迷倒的时候，失去了自己原本拥有的快乐。

有一句话说得很好，我们快乐不是因为我们拥有的多，而是因为我们计较的少。所以，更多的时候，我们不快乐，仅仅是因为我们要求的太多。或者说，我们内心的贪欲无法抵制诱惑，拥有了这些还想拥有那些。到头来，我们失去了我们本该拥有的快乐。

寂寞面前，诱惑如毒药，饮与不饮，影响着我们的生活乃至生命。每个人在他（她）的一生之中都会遭遇到形形色色的诱惑，有些人能看破，有些人则看不破，一直在深渊里挣扎。很多人信佛，信佛不外乎两点：一是，为了抵御红尘中的诱惑；二是，耐不住一个人的寂寞，想要寻找精神上的寄托。道理其实都很简单，但是生活中，抵制诱惑却又绝非易事。

人因为耐不住寂寞才容易被诱惑所迷惑；反过来，受诱惑太多，等到失去所有时，方才明白错得离谱，剩下的是更深的寂寞。当一个人忍耐不了寂寞的时候，他会看到很多的诱惑在自己的眼前或者是身边，这个时候，他会告诉自己拥有了很多机会，自己可以不再寂寞。

寂寞的忍受往往能够让一个人感受到人生的力量，但是这个时期也往往是痛苦的，正因为痛苦，所以他们才会被周围的诱惑所迷倒，最终毫不犹豫地跳进陷阱，如果一个人无法实现自己的成功，那么最终也不会实现自己的快乐。每个人的生活都是不一样的，但是不要让自己的生活变得杂乱，更不要因为忍受不了寂寞，而跳进悬崖，让自己找不到属于自己的位置。

诱惑就像是一条毒蛇，它拥有华丽或者是漂亮的外皮，你或许会被这种表象所迷惑，但是一旦你接近了这条毒蛇，它就会狠狠地咬你一口，你甚至会当场毙命。所以说要看清诱惑的本质，让自己的内心保持平静，这样你才能够不被外界的诱惑所累，才能够让自己的内心得到一丝丝的慰藉。

人的一生中，可能要面对无数次这样的选择。前面是万丈深渊，后面是一眼望不到尽头的沙漠。你是选择纵身跳入不知深浅的崖底，还是独自在沙漠中跋涉寻求出路。当你面对这两难的选择的时候，你就是处在寂寞与诱惑的夹缝中。当你被眼前的诱惑所迷倒的时候，你当然看不到前方的彩虹，这个时候你只会陷入陷阱。

8　淡定的人生不惧寂寞

《幽窗小记》有言："宠辱不惊，闲看庭前花开花落；去留无意，漫随天外云卷云舒。"这句话的意思是：无论光荣还是屈辱都不会在意，只是悠闲地欣赏庭院中花草的盛开和衰落；无论晋升还是贬职，都不在意，只是随意观看天上浮云自由舒卷，这是一种恬然自安的心境。

这句话描述的是一种心境：花开花落，岁月轮回，看庭前，一个"闲"字，尽是洒脱；云卷云舒，万物变幻，随天外，一个"漫"字，尽显豁达。这与范仲淹的"不以物喜，不以己悲"有异曲同工之妙。其实，这句话说的就两个字：淡定。

人的一生就是一段漫长的寂寞旅程。滚滚红尘何以安慰一颗寂寞心，那就是淡定的心境。淡泊宁静是一剂强心针，让因为寂寞而空虚的心变得充实。秉持采菊东篱下的怡然之心，将自己安放在世间纷纷扰扰中，不为名利所累，不受得失所苦。这才是人生的大境界。

在当下浮躁的大环境里，我们最最需要的就是"淡定"。每个人都需要淡定的心态，只有保持一份淡然，在生活中遇到任何事才会处之泰然。遇到好事不会太过兴奋而忘乎所以，遇到坏事也不至于悲伤得痛不欲生。

历史上，有很多名人遇事都能处之泰然，做到宠辱不惊，不以物喜，不以己悲。苏东坡先生就是一个例子。他原来是一个翰林大学士，但因为政治原因，朋友都避得远远的。当他历经人生万般劫难后，终于领悟到生活的最高境界是"淡"。他说："莫听穿林打叶声，何妨吟啸且徐行。竹杖芒鞋轻胜马，谁怕？一蓑烟雨任平生。"事情就是这样的，当你把所有的人生味道都品过了，就会知道淡是另一种超凡的精彩。尝尽人间珍馐美味，你才知道一碗白稀饭、一块豆腐表面上没什么味道，可是这个味道是生命中最深的味道。所谓千帆过尽的淡然只有经过大起大落之后才会真正体会到。

很多时候，我们总是不停地抱怨，感觉生活里有太多的不公平，太多的不满足。其实，这时候我们正如一个被宠坏的孩子，总是向生活不断索取着。就很容易犯这样的错，越是拥有，越是担心失去。而事实上生活中的很多东西一旦失去，便再也找不到了，即使有些东西可以找回，恐怕也早已面目全非了。

人们把握幸福，就如用手去握沙子，握得越紧，失去得越快。对于我们这些平凡人来说，有些幸福就如彼岸的花朵，隐约可见，却无法触摸。没有什么是真正的对与错，更没有太多的仇与恨，何不看淡这一切？何必对那些永远都得不到的东西耿耿于怀呢。如果当你付出真心却不一定能换来真心，你会感觉后悔。其实，这大可不必，付出本身有时候也是一种快乐。只要能够拥有一颗平静的心，多付出一点未尝不是好事。计较太多，最后坏掉的是自己原本拥有的好心情，这种得不偿失的事情，我们何必要去做呢。

一句非常有意思的话是这样说的："黄忠六十跟刘备，德川家康七十打天下，姜子牙八十为丞相，佘太君百岁挂帅，孙悟空五百岁西天取经，白素贞一千多岁下山谈恋爱。年轻人，你说你急什么？"是啊，来日方长，我们何必计较那么多。

做一个淡然的人，并不一定是坏事，这种淡然并不是不求进取，更不是乐于现状，而是一种新的人生境界。面对生活中的诱惑，或者说当你看到自己前方的路出现岔路的时候，如果你不懂得如何去选择，或者说不懂得如何去抉择，那么你很可能会让自己陷入一个"利益"的怪圈，让自己失去了前进的动力，所以说如果在这个时候你想要实现自己的成功，就要学会淡然地处理自己眼前的诱惑，最终实现自己的进步，淡定的人，往往会变得理智，也会成为一位智者。如果你足够的淡定，那么你就不会惧怕人生中的寂寞，在你的人生中，你或许失去了很多，但是这个时候你应该明白自己拥有的也不少，所以说如果你能够看到自己得到的或者是说自己拥有的，那么你就不是失败，最终也是会实现自己的成功的。

不过，通观古今，能做到这种心境的又有几人呢？可谓少之又少。与阮籍相比，诗人王维的境界要高一些了。大家都知道，王维以写禅诗闻名，他有一首《终南别业》流传甚广：中岁颇好道，晚家南山陲。兴来每独往，胜事空自知。行到水穷处，坐看云起时。偶然值林叟，谈笑无还期。其中，"行到水穷处，坐看云起时"一句诗深受后来人追捧。大概是因为其中蕴含着禅机与生命的智慧。

王维的作品是诗中有画，画中有诗，这是众所周知的。在这里，我们不妨还原一下诗中的画面，来体味一下王维这两句诗的深刻内涵。坐看云起时有化机之妙。王维晚年修道，隐居终南山，喜欢一人独行。某日他溯流而上，走到尽头溪流断了。有可能这里是溪水的地下发源地，掩于地表之下。也可能本是雨水汇集而成，在此处干涸罢了。但他并不以为失意，干脆就地坐下来，看天外云卷云舒，甚至悟出一番道理：水变成了云，云又变成水，世界如此，不必在意。这是一种自然自在、不执着、不苛求的超然心态。通过这首诗，我们看到了作者一个任性逍遥、自在随缘的禅者形象，诗人那种超然物外的禅者智慧跃然纸上。诗中的王维是那么的逍遥自在，随心赏景，独往独来，优哉游哉，自然让后世读诗的人羡慕、效仿。

不过，可惜的是人们的修行还是有限，要么一叶障目，要么不够淡然，能够做到诗中境界的人少之又少。往往见山是山，见水是水，很难真正参透其中禅机，洞悉世间真谛。试问，有谁可以在行到水穷处，面对这眼前干涸的河床、枯黄的蒿草、单调的鹅卵石，还可以保持一颗淡定的禅心，能够不在心里浮起那一丝失望和无奈？

修行在人世间，只有真正做到了宠辱不惊、去留无意，面对各种变数才能做到心态平和，恬然自得，方能达观进取，笑看人生，才能不惧寂寞。"淡泊名利"是我们经常能够听到的词语，如果在这个时候你懂得了淡然，那么你会发现自己的人生会变得很乐观，如果你不懂得乐观地处理自己的生活，那么最终你得到的仍会是寂寞。

淡定是一种人生态度，不管是在什么时候都要明白自己的内心世界，当你的内心中充满了寂寞的时候，不要沮丧，这个时候你需要的就是淡定，淡定地面对自己眼前的诱惑，淡定地面对自己的寂寞，最终你会在寂寞中找到一个属于自己的灿烂人生。

抉择篇

——人生岔道，唯你一人

第三章

取舍之间，无畏独行

取舍之间，彰显智慧。面对抉择，是一种无法言说的寂寞。当我们一次次徘徊在人生的十字路口时，任何人的意见也只能作为参考，没有人能真正体味我们的感受，也没有人能替我们做出选择。当鱼与熊掌不可兼得时，我们必须舍鱼而取熊掌。在通往梦想的路上，面对种种诱惑，我们也许会犹豫不决，唯有做好取舍，弄清什么是我们真正想要的东西，才能继续向我们梦寐以求的目标一步步迈进。作为坚定的追梦人，面对取舍，我们无畏独行。

人生最难的可以说就是取舍，如果取舍不当很可能会让你的人生陷入困境，不管是在什么时候，你都应该学会取舍，如果你不懂得取舍，那么，最终你是不会得到收获的。当然在取舍的时候最忌讳的就是左顾右盼，无法专一。因此，要学会淡然地面对取舍，让自己得到内心的升华。

1 左顾右盼，终将一无所获

现实生活中，很多人雄心勃勃，既想干这个又想干那个，因为没有专注地干过一件事，结果什么也没干成。所以，在追梦的路上，我们不仅要充满干劲，而且要懂得取舍，一次只做一件事。如果你能够专注地做好一件事情，那么就是一种成功，如果这个时候你看得多了，想得多了，希望得到的多了，那么很可能一事无成。

如果你希望得到所有的，那么最终你将会一无所获。同样地，如果你总是失去自己的目标，左顾右盼，那么最终你也将会一无所获。我们不会得到所有我们想要的东西，同样地，我们的生活需要目标，如果一个人没有了目标，那么最终怎么去实现自己的成功呢？

人最重要的是要有目标，如果你总是留恋太多，不管是什么事情，你都不会做好，在生活中，如果你一旦确立了目标，就要学会为了这个目标，专一地去奋斗，要做到专一，并不是一件容易的事情。在生活中，不仅仅要专注，更多的时候要坚持，不要因为眼前的一点点的困难而失去自我，也不要因为这一点点的挫折而放弃自己的目标，改变自己的方向，左顾右盼，这样对你的成长是没有好处的，最终，你会发现自己一事无成。

有个寓言故事叫狗熊掰棒子。一只小狗熊下山去玩，见到一片玉米地，长了好多好多的玉米棒子，小狗熊可高兴了，它掰了一只玉米，准备带回山上好在小动物面前夸耀。再往前走，又看到一块西瓜地，长满了又大又圆的西瓜，小狗熊觉得西瓜比玉米更值得炫耀，于是它就丢了玉米去摘了一个大西瓜。没过多久，忽然小狗熊看到一只小兔子跑来了，它想啊，要是能抓到一只兔子回去，小伙伴们肯定更羡慕它了，就赶紧丢了西瓜去追兔子，没想到兔子跑得快，一眨眼，跑到树林里看不见。结果忙了一天，小狗熊什么也没得到。天很快就黑了，小狗熊只好两手空空地回到山上去了。

这个寓言故事告诉我们，做事一定要专一，一次只专注于一件事，才能有所收获。生活中，我们经常犯这样的错误的，工作是换了一个又一个，可又有多大的变化呢，有的是找工作的疲惫，工作也少了很多的乐趣。一个工作不讨厌它就好了，做得开心就好了，做的好了，钱也是自然会多起来的，想要每个工作都挣大钱也是不现实的。

还有一个故事，讲的是一个单纯而专注的小男孩，帮一个农场主找到手表的事情。曾经有一位农场主巡视谷仓时，不慎将一只名贵的手表遗失在谷仓里。他遍寻不获，便定下赏价，承诺谁能找到手表，就给他 50 美元。人们在重赏之下，都卖力地四处翻找，可是谷仓内到处都是成堆的谷粒，要在这当中找寻一只小小的手表，谈何容易。许多人一直忙到太阳下山，仍一无所获，只好放弃了 50 美元的诱惑而回家了。仓库里只剩下一个贫困的小孩，仍不死心，希望能在天完全黑下来之前找到它，以换得赏金。谷仓中慢慢变得漆黑，小孩虽然害怕，仍不愿放弃，不停地摸索着，突然他发现在人声安静下来之后，有一个奇特的声音。那声音滴答、滴答不停地响着，小孩顿时停下所有的动作，谷仓内更安静了，滴答声也变得十分清晰，是手表的声音。终于，小孩循着声音，在漆黑的大谷仓中找到了那只名贵的手表。这个小孩成功的法则其实很简单：专注地对待一件事，成功也许就在下一秒等候着你。

看了上面的故事，我们总结出一个成功的法则，那就是专注与单纯。其实，专注对于我们并不陌生，而且它原本就存在于每个人的心中，重要的是你要循着你内心正面的引导，真正地去寻找它。关键是在我们投身于自己的理想的过程中不要被复杂的外界事物所困惑，而要专注、单纯地思考，这样才更能接近我们的目标。

在我们的生活中，我们拥有很多机会，更有甚者，在同一时间或者是同一地点，就会有很多机会出现，如果你能够控制好自己的欲望，那么你就会抓住属于自己的那次机会，如果这个时候你总是贪恋所有的那些机会，想要得到所有的机会，那么最终你会发现一个机会你也没有把握住，最终将会一无所获，所以说贪多必失。即便你拥有很强的能力，你也不可以贪多，"贪多嚼不烂"，我们经常会这样说，这就是说在生活中，不管是学习还是工作，都不要做那个贪婪的人，一个人一旦贪婪起来，那么付出的代价往往会更多，所以说不要让自己活在贪婪中，要学会放弃，放弃其实就是一种精神，也是一种获得。如果你能够放弃那些本不应该属于自己的东西，抓住那些自己想要为之奋斗的东西，那么，最终你是会实现自己的梦想的。

"舍得"理论想必人人都知道，但是至于你能否做到，这恐怕只有你自己知道了。如果一个人不懂得舍弃，那么就永远无法得到，要知道成功需要你付出代价，天上不会掉馅儿饼，你也不可能不付出努力就得到收获，如果在你的奋斗过程中，出现了很多的诱惑，在这个时候你为了这些诱惑左顾右盼，停下了自己前进的脚步，最终因为想要得到这些路边的野花，而放弃了自己为之奋斗的目标，那么你会发现这个时候你想要拥有的东西有很多，而这个时候你能够拥有的东西其实也没剩下什么了。因此，既然你设定了自己的目标，那么就应该为之心无旁骛地努力，最终你将会实现自己的成功。

一个专注的人，往往有着强大的力量，这种力量能够让他们克服在奋斗过程中的危险，同样地，也能够帮助他们克服那些生活中的诱惑，因为专注的人，想到的看到的永远只是自己的目标，身边的诱惑往往对他们产生不了作用。

人是一种生活在社会中的动物，所以说你就必然会遇到诱惑，这种诱惑可能是外界赋予你的也可能是你自己赋予自己的，但是不管怎么说，如果你想要实现自己的成功，那么就要学会专注于自己的目标，为了自己的成功而奋斗。

2 淡然，不追求不必追求之物

孟子曰："鱼，我所欲也，熊掌亦我所欲也；二者不可得兼，舍鱼而取熊掌者也。"翻译过来，意思就是：鱼是我所想要的，熊掌也是我所想要的，这两种东西不能够同时得到的话，那么只有舍弃鱼而选择熊掌了。这是我们最常引用的取舍观念。它告诉我们，面临不能兼而得之的情况时，要懂得取舍，方能得到我们真正想要的东西。

佛曰：人之所以痛苦，是因为追求错的东西。这句话也是不无道理的，在我们的一生中遇到的诱惑会很多。面对纷繁复杂的世界，我们首先应该弄清自己想要的是什么。对于自己认为不必要的事物，以一颗淡然的心将其放下，不失为一种智慧。

曾经有一个小男孩不小心丢了一锭银子，非常伤心。正在焦急地寻找的时候，一位路人见其十分可怜，于是从自己的荷包里取出一锭银子给他。哪知道小男孩接过银子，哭得更伤心了，这位路人非常好奇地问他："你现在不是有一锭银子了吗？为什么还这样伤心呢？"小男孩回答道："假如我不丢失前面的银子，现在应该可以拥有二锭银子了。"

故事短小，道理却很深刻。故事里这个孩子的行为在一定意义上反映了人们的一种贪婪的心理。而事实上，有很多痛苦的人，正是犯了与这个孩子一样的错误。现实中，贪婪往往会占据一个人的内心世界，这样你永远不会感受到快乐的存在。

人心不足蛇吞象，每个人都想拥有，但问题在于人的欲望是无止境的，填饱了肚子又求珍馐；娶了娇妻，又妄求得到美妾；有了房舍，又求华厦；谋得一职，又求升官；得到千钱，又求万金。宝贵的一生就在无止境地追求"拥有"的苦恼中度过了。

现实生活中，人们总喜欢获得点什么东西，房子、金钱、名利……结果发现外面的世界五彩缤纷，自己却累得精疲力尽。要知道，我们都是凡人，往往我们想抓住的越多，最后能抓住的反而越少。

曾有这么一个病人，临死前十分痛苦，因为他实在不想就这样离开这个世界，于是他一手抓着床栏，一手抓着亲人，以为抓住就有希望。亲人们看着痛苦的他，安慰道："放手吧，放手后你就轻松了、舒服了，我们会一直在你身边看着你，爱你。"他听了感觉说得不错，于是，就放开手，这样一放手也就解脱了。常言说："人握拳而来，撒手而去，先是一件件索取，然后又一件件疏散。"这也是人生的一种哲学。

拥有多少，什么是标准？有些人尽管富有，或许坐拥多少高楼、土地、黄金、股票，然而却日夜畏惧，没有一个安稳的睡眠。与那些淡泊名利，知足常乐，以天下为己任，心怀众生的人相比，谁更富有，谁更快乐呢？

身外之物，生不带来，死不带走，对于一个人来说，不过是一种工具而已。而智慧和真理才是无穷无尽的宝藏，才能让自己毕生受用不尽。要想活得洒脱，就不应该为身外之物所牵累，不被富贵名利所困扰。

人对物质财富的需求与此相似，适量的财富能够调剂生活的味道，让我们品尝到生活过得有滋有味，轻松而美好，使我们身心愉悦。不过，一旦对财富过度奢求迷恋，就会失去追求财富的本来意义，人生也如吃多了盐一样苦涩难堪。

金钱对人们的吸引力众所周知。钱作为一种交换的价值载体，可以让人获得很多东西。今天可以买来享受，带给我们很多快乐，以致不少人认为，拥有金钱是通往幸福的坦途。很多人曾暗自思量：如果我有多少多少钱，那我该多幸福啊！可是，真的是这样的吗？事实往往未必如此。

有人总结出一条规律，当一个人拥有的金钱越多，他便越想拥有更多。当人们手中的钱多一点时，很容易就会适应这笔钱带来的新享受，很快，快乐就消失得无影无踪，他们转而寻觅下一个目标。当拿到第一笔钱的时候，人们可能会惊喜异常，但当他们把这笔钱花光或存进银行后，他们就觉得应该得到更多的钱。这就是"钱包理论"——无论你钱包有多大，你都希望能够将它塞满。

古人云："良田万顷，日食几何？华厦千间，夜眠几尺？"一个人生存所需要的东西很少，贪欲带来的往往不是快乐。比如，石崇生前万般积聚，富可敌国，然而又能怎样呢？还不是落了个死无葬身之地的结果吗。比起身居陋巷的颜回求法行道，不改其乐，我们还能说谁拥有的更多，谁更幸福吗？

拥有财物而不用，相当于没有。财产取之于众，也要用之于众。冯谖散财于民，让孟尝君拥有人心，开创了用有的先河；松下幸之助将企业所有盈余用于教育文化上，惠及社会。由此，我们将财富用到该用的地方才是真正的真与善。所谓的"用有"而不是"拥有"。

真正的"用有"不易做到，一旦执着财物是"我"的，用的对象就不广泛，用的心态就不正确，用的方式也有所偏差。其实，吾人的一生空空而来，空空而去；吾人的财物也应空空而得，空空而舍；对于世间上的一切，拥有空，用于实，岂不善哉！

快乐其实也是相对的，对于陷入痛苦中的人来说，摆脱痛苦就是快乐。

而占有欲则是造成痛苦的根源之一。所以佛家常说："人生于世，有欲有爱，烦恼多苦，解脱为乐。"如果你想要让自己拥有快乐，那么很简单，那就是放弃追逐不属于自己的东西，在很多时候如果你不懂得追求属于自己的东西，那么最终你也无法实现自己的快乐。

淡然，每个人都要有这样的心态，不管是在生活中还是在工作中，一个淡然的人往往能够得到更多的宁静，享受到更多的快乐。如果你每天的生活都是在不停地追求，追求那些本不应该属于自己的东西，那么最终你会发现自己生活得并不快乐。自己的生活就像是一潭死水，自己寻找的也不是活水的源头。

在通往成功的路上，我们首先应该知道哪些是我们必不可少的，哪些是可有可无的。在面临种种诱惑选项的时候，我们才能真正做好取舍，以一颗淡然的心，放弃不必追求的东西，才能更好地投入为理想努力的奋斗中去。

3　不追问过去，不妄想未来，只把握当下

未来还没有到来，过去已经过去，我们拥有的也只有现在。所以，当我们在为自己的目标奋斗的时候，不必为过去的事情懊悔或沾沾自喜，也不必为未来的事情忧心忡忡或满心憧憬，只要把握好现在即可。

过去的永远是过去的，即便过去你拥有很多成功，又或许你曾经你一败涂地。未来的还没有发生，你更不要过多地去妄想，如果你妄想自己的未来，那么最终你得到的也不会是你想要的，所以说最实际的也是最重要的就

是要学会活在当下，把握当前的一切，学会珍惜。珍惜眼前的东西，就是一种成功。

小杉树是一棵生长在一片美丽的森林中的挺拔可爱的小树。它在林子里有很多好朋友，像松树啊、枞树啊，还有灌木丛等都喜欢小杉树。它每天都能得到最充足的阳光和清新的空气，晨昏间它身边有飘过的红云和雾霭，偶尔有来寻覆盆子的孩子和跑过的兔子会打破这里的宁静。如此幸福的生活，不正是人生童年的写照吗？然而小杉树对这些却毫无兴趣，对于自己拥有的一切一点也不满足。它经常感叹不能像别的大树一样，于是它天天盼着赶紧长大，快点长成一棵大树。就像所有的孩子一样，拥有着美好的童年，却体会不到幸福，心中只渴望早日长成大人一样。长大后，我们常常能够回忆起童年是多么渴望穿上大人的鞋和衣服，因此给自己的童年带来了无尽的烦恼，这不正是渴望长大的童心呀。

眼睁睁地看着周围的大树被砍伐运走，鹳鸟告诉小杉树，这些大树被运到远方做了桅杆时，它的内心有了深深的渴望：做一根桅杆，航行在苍茫的大海上，周游世界。就像我们的少年世代，怀揣着青春梦想，说着豪言壮语。不过，听小麻雀说周围比它小的枞树做了圣诞树，如何的在华丽的大厅里光彩照人时，小杉树马上又改变了梦想，向往做一棵漂亮的圣诞树。这难道不正是少年时代浮华红尘对我们的诱惑吗？其实，我们都是一棵小杉树，对未来充满幻想，对前途充满希望，但就是不满于现状。不知道算不算幸运，小杉树实现了自己的梦想，它被装扮得光彩照人地被安置在富丽堂皇的大厅里。然而真正拥有这一切时它又感到无比的空虚。

后来，眼前的一切烟消云散，可怜的小杉树被塞进黑暗的角落，孤零零地忍受着寂寞。最后，小杉树被烧掉了，最后时刻它念念不忘的是它童年的山林和泥巴球的故事。小杉树的一生结束了，它的一生，正好缩影了人的一生。

小杉树的故事，告诉我们：对于我们来说把握好当下的幸福最重要。在我们拥有一样东西的时候，要学会珍惜。过去的已经过去，未来的还未到来，只有把握住了当下，才能真正享受幸福的生活。我们要明白，人生的每个阶段，都有它独特的魅力。当我们正拥有的时候，先不要去羡慕那些我们错过的或者失去的东西，其实我们此刻拥有的也许在别人看来也是值得羡慕的珍宝。有一句话说得很好：当你哀叹失去太阳时，你将会错过月亮。人往往容易这山望着那山高，对自己拥有的东西不知道珍惜，不断地羡慕追求，到头来根本体会不到幸福。

年少时，我们有年轻的体魄，有无忧无虑的心境，有梦想有希望有未来，壮志凌云豪气冲天，过着春日般的阳光生活。有多少过来人羡慕这些青少年们如诗的年华，而这些少年却要羡慕成年人的财富，不少人把这金子般美好的年华虚度了。

其实，我们要明白一切短暂的浮华烟云，看起来美丽无比，然而它不一定是我们内心深处真正所需要的东西。历经岁月之后，也许曾经被我们看得分文不值的东西，反而能长久地慰藉我们的心灵。

过去的毕竟是过去的，可以学着释怀，将来的你没法预料，那么你可以学着不必耗费过多的时间去思考，要学会把握当下，存好心、说好话、做好事，才是最最应该做的，当下的事情能够做好，那已经是一种成功了。

要想预知未来，我们无需等很长时间，更不要妄想很远的将来，未来是将来的当下。如果我们能够做到对每一个当下专注，对每一个当下认真负责，我们就对下一个当下无忧了。其实，很多人的前半生，就是因为犹豫不决而错过了很多本该抓住的机会，这包括生活、事业还有情感诸多方面。

我们应该生活在当下，不要被过去的生活所束缚，不要因为曾经的自己生活在失败中，而对自己眼前的生活也变得没有了兴趣，更不要因为自己想要未来充满奢华，而得了生活的"妄想症"，所以说不管在什么时候，都要

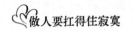

学会珍惜眼前的东西，活在当下。

4　漫漫人生取舍路，寂寞独行善抉择

　　站在人生十字路口，往往向左还是向右，抑或继续前行，没人替我们作出选择，所有人的建议也只能作为参考，真正作出抉择的时候，做主的也只有我们自己。取舍是难以决断的，抉择是孤独寂寞的。

　　寂寞的时候其实是适合选择的时候，因为这个时候你的内心是最平静的，你可以利用安静的气氛来让自己认清他人，认清自己，寻找到最适合自己的选项，让自己的人生路变得更加的顺利，漫漫人生路，取舍很重要，寂寞中取舍，其实就是对自己的一种负责。

　　活着的过程就是不断选择，作出取舍的过程。衣食住行，择友择偶，升学就业，理财炒股等都需要我们理性对待，慎重选择。特别是在青年时期，我们面临的选择会更多。学业、职业、爱情、婚姻等在短期里接踵而至。人生中的一些重大选择，有时会让我们惊慌失措，有时会让我们踟蹰彷徨，有时让我们左右为难，难以取舍。

　　哲人有这样的话：人生最大的智慧体现于取舍之间。历史和现实给我们的经验和教训有很多，人生的成败和成长轨迹往往取决于人生选择。在青年时期，所作出的选择可能会对我们整个人生道路产生决定性的影响。孟子在关于选择的问题上说，"鱼我所欲也，熊掌亦我所欲也，二者不可得兼"。没错的，一个人最重要的决定是在鱼和熊掌之间如何取舍。

1995 年，范某创立自己的公司，几年的努力之后，到 2000 年公司年产值已达到近亿元，行业里已经是首屈一指的了。2004 年，尽管企业依然在运行，尽管新厂房还是按原来生产的标准在建着，可是，范某很是心虚，他感觉如果一直这样走下去是没有出路的，所以一直在寻找着转型的目标。

次年，范某在几次送货过程中，参观了一家生产洁具的企业，那家企业在一年多时间里，厂房就由一排扩大到三、四排，生产势头非常不错。更重要的是，这一行业是劳动密集型，不仅没有污染，而且市场前景看好。于是，他想关掉老厂，新起炉灶。终于在 2005 年 12 月 29 日，范某在诸多亲朋好友的不解中，注册成立了新公司。

等着他的不是转型的一帆风顺，范某感受到了转型后的"阵痛"。整个 2006 年没有完成一笔销售，做下一个订单。2007 年，随着一款款新产品的开发成功，公司渐渐有了起色，不过，因转型带来的损失也是惨重的。范某本以为熬出来了，没想到新的困难又出现了。2008 年，公司外贸这一块刚刚有了起色，却又遇到全球性的金融危机，这对刚起步的公司又是当头一棒。如今，范某回忆起那段时光说，在那两年多时间里，面对种种困难，他痛苦过、挣扎过，但到最后都选择了坚持，因为他坚信自己选择的这条路是对的，所以他决定专注自己脚下的路。

虽然经历了无数次的挫折考验，但是范某说他还是很庆幸当时自己坚持一路走来，尽管走得非常辛苦，然而事实证明他的选择是正确的。现在，很多以前的同行才开始转型升级，而这时候的他已经完成了一次"华丽的转身"。

通过这则例子，我们可以看到，一个人只有在寂寞中独立地作选择，即便生活已经很痛苦，即便自己的选择十分的艰难，但是只要自己勇于选择，不退缩，为了自己的目标付出自己最大的努力，那么最终你会发现自己已经实现了自己的成功，而成功就是因为自己的寂寞。

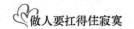

甚至我们可以说，选择是一门复杂而又令人遗憾的艺术。有取必定会有舍，之所以说取舍的艺术有遗憾，主要是因为取舍在某种程度上是一种带有强烈悲剧意味的选择。选择过程也是对一个人的自我认识、判断力、理性把握能力、未来预测能力和心理承受能力反复考量的过程。选择的难处在于几种不同选项中只能选择一种，这就意味着在作出选择时，选择了熊掌，我们可能永远地失去了鱼；选择了鱼，我们将无法品尝到熊掌的鲜美。

人生道路在不同的阶段都有不同的选择，要知道人生就是由一系列的人生选择与实际行为组合而成的，因此，我们应该小心翼翼地选择我们的人生道路，这都是每个人取得成功之前必经的阶段。"惴惴小心，如临于谷。战战兢兢，如履薄冰"。在选择面前，我们一定要小心谨慎，因为你一不留神，都可能会产生不同的后果。当然，在重大的人生选择上，更要小心翼翼，谨慎从事，作出合理的选择，不能任性而为，更不能"拿青春赌明天"，不能把人生选择当成一种赌博。"其所谨者小，则其所立亦小；其所谨者大，则其所立亦大。"这句话里的所立者，指的是人生成败。整句话的意思是：一个人成功的程度，取决于他面临选择时，谨慎小心的程度。人生选择必须适当地自我节制，明确自己的人生定位，取舍时仔细斟酌。

我们生活在充满选择的世界里，可能早已忘记了如何去突破僵局。如果你已经陷入左右为难的十字路口，在取舍之间犹豫不定，则千万要戒骄戒躁，将目光放远，怀着"风物长宜放眼量"的心态，积累平日里的点滴经验，必然会走出一条属于自己的成功之路！

人的一生就是在不断地取舍，当你选择的时候就是在取舍。人生中的选择题，在很多时候都会有四五个甚至更多的选项，而你能够选择的往往只有一个，人生的选择题往往是单选题，所以说这个时候如果你能够让自己找到属于自己的选项，作出勇敢的选择，那么你才能够实现自己的成功。同样地，如果你无法掌握自己的寂寞，无法学会在寂寞中独行，那么最终你也无法作出适合自己的选择。

你的生活中是不是充满了寂寞？同样地，在你选择的时候如果你感觉到自己是寂寞的，那么这个时候，你不要气馁，更加不要害怕，因为寂寞中的选择，是一个人独行的过程，你通过自己的选择，最终会迎来属于自己的阳光。如果你不懂得利用这一点，那么最终你的生活是处理不好的，你人生的选择题也会发生错误。

5 寂寞独处，享受一个人的精彩

古人曾说：修身，齐家，治国，平天下。修身被摆在第一个要做的位置上，可见它的重要性。其实，修身，就是我们要修炼自身。这个时候你必须学会和自己和谐共处，独处的目标就是修身。修身修不好，或者一个人不注意修身，到了外界，很容易被外界的纷繁复杂所扰，失去安宁。最后，还得回到原点，也就是修身。在生活工作中，我们忙于和形形色色的人打交道，忙于说各种各样的应交辞令，周旋在纷繁的事务中，完全忘记了自己的存在，这时候更需要我们适时地给自己一点独处的时间。

对于寻找自我的人来说，独处是人生中最美好的体验，尽管有些寂寞，不过会有一种充实感。独处是灵魂生长的必要空间，它会给你带来一种宁静和放松，真正体会到那种宁静在你灵魂深处的美。独处时可以检验、可以回顾自己走过的路和做过的事，及时修正自己的不足，纠正自己的言行。

一个人喜欢独处，也并非表明这个人就是个孤独的人，而恰恰表明他是一个感情丰富，内心世界充实的人。一个人可以利用短暂的独处，调整自己的状态，用这不受打扰的时光，使身心彻底放松，让自我回归，与自己做一次深层的交流，让灵魂得到一次修养。

或许你惧怕独处，或者在你的内心独处是一件可怕的事情，但是要知道一个人独处往往是在给自己机会。给自己认识自己的机会，同时，也是让自己享受一个人精彩的机会。要知道每个人都需要每个人的空间，如果你能够让自己的空间时常保持着，那么你在心情不好的时候起码有发泄的机会。

一个人独处时，你可以拥有一片静谧的空间，真正地享受一下独处的时光，享受一下独处的空气，彻底地抛开一切烦恼让自己的内心开阔，同时可以抛开久积心头的忧郁，让自己释放出忧郁，得到暂时的解脱。同时，独处也可以让人清心寡欲，逍遥自在，感受自我，静思内省，从而做到清除灵魂中的污垢，让灵魂得到洗礼与净化。这样的独处何乐而不为呢？我们的生活中既有诗情画意，有如音乐般优美的旋律，又有丑恶与狰狞，有如魔鬼般的假恶丑。正因如此，这个时候我们才更需要独处的空间，智者更敢于选择独处。对于智者，独处是一种豁达的心态，是一种满怀的性情，是一种未了的意愿。

在有些人来看，不停地与自己对话，喜欢自言自语的人非疯即傻。其实，面对这样的人，你可以不去理会。他厌烦整理自己的内心世界，无法忍受孤独，会想方设法消遣这独处的时光，或打牌或喝酒划拳，让表面的热闹，填充极度的内心空虚，因为他觉得再无聊的消遣，也会比独处有趣得多。对于这种人，我们也大可不必去指责他，他的语言、他的思想、他的世界也是因其性格决定的。

布鲁诺说过这样的话："在这世上，那些想过神圣生活的人，都异口同声地说过：噢，那我就要到远方去，到野外居住。"波斯诗人萨迪说："从此以后，我们告别了人群，选择了独处之路，因为安全属于独处的人。"他描述自己说："我厌恶我的那些大马士革的朋友，我在耶路撒冷附近的沙漠隐居，寻求与动物为伴。"

一句话，所有普罗米修斯用更好的泥土塑造出来的人都表达了相同的见解。这类优异、突出的人与其他人之间的共通之处只存在于人性中的最丑陋、最低级，亦即最庸俗、最渺小的成分；后一类人拉帮结伙组成了群体，他们由于自己没有能力登攀到前者的高度，所以也就别无选择，只能把优秀的人们拉到自己的水平。这是他们最渴望做的事情。

试问，与这些人的交往又能得到什么喜悦和乐趣呢？因此，尊贵的气质情感才能孕育出对孤独的喜爱。无赖都是喜欢交际的，他们的确可怜。相比之下，一个人的高贵本性正好反映在这个人无法从与他人的交往中得到乐趣，他宁愿孤独一人，而无意与他人为伴。然后，随着岁月的增加，他会得出这样的见解：在这世上，除了极稀少的例外，我们其实只有两种选择：或者孤独，或者庸俗，两者必须选择一个。

孤独是困苦的，是一种人生的煎熬，但可不要让孤独变得庸俗；正因如此，我们需要孤独的存在，一个没有孤独过的人生也是不完美的，当你感受到了孤独时的苍凉，你才会感受到生活中，依然会有温暖和幸福，所以说如果你能够认识到这一点，那么最终你得到的将会是很多。

独处时，我们可以面对苍林大海，感受生命与大自然的融合；我们可以走进古今大师杰作，体会那种心灵的共鸣与震撼。独处我们也可以让思绪走进心海，静坐在一片蔚蓝旁，享受这独一无二的宁静与美丽。给自己留一些独处的时间，于繁忙的事务中抽身，享受一下独处给你带来的宁静，何乐而不为呢？

一个人的生活没什么不好，起码你自己可以有自己生存或者说生活的空间，人们需要独处，因为这个时候是一个人思考的最佳时间。如果你无法忍受单独只有自己时的寂寞，那么你怎么会感受到自己存在的价值呢？

每个人都有每个人存在的价值，如果你看不到自己存在的价值，那么最终你也无法实现自己的成功，如果在你的生活中，你只能够通过别人实现自己的成功，或者是依赖别人。那么你不会感受到自己人生的可悲吗？如果你能够独处，那么你必然就感受到了独处的乐趣，最终，你会发现这也是一种幸福。

寂寞的人往往不会永远寂寞下去，他们喜欢独处，因为独处的时候才能够感受到一个人的乐趣和幸福，同样地，如果在这个过程中，总是有人影响到你自己的生活，那么最终你会发现自己的成功其实已经变得很困难，没有人希望自己的生活变得困难，也没有人希望自己无法独立生存，所以说不要害怕寂寞，不要让自己成为一个无法享受独处快乐的人。

6 人生需淡定，虚荣不贪恋

淡定从容何尝不是一种美一种优雅呢？淡定从容是一种由内心世界向外发散的信息，不依赖话语言辞。淡定从容更是一种境界、一种生活态度；是人生历练后的睿智，是对生活感悟之后的态度；是涵养，也是心智的结晶，更是我们穷尽一生，不懈的追求。

内心充实，能让自己的精神世界丰富多彩也是一种成功。理想有时候未必就是权势或者金钱，也可以是一种心灵的寄托，是给我们的心灵储备快乐的资源。一个人内心的感受，永远比他外在的业绩更加重要。我们每个人都有自己的理想，但当我们在繁忙的工作中去追求自己的理想时常常会忽略了我们自己内心的感受。在竞争激烈的现代生活中，一个人是否能够成就一番事业，并不在于他给自己定了多高的目标，而在于他内心是否能有一种淡定的理念，是否能把握自我。人怎么样可以变得无畏，可以变得淡定而不仓皇，这是需要每个人在心中找到一个负荷的寄托。但凡找到这样一个寄托，会给你这一生找到一个依凭，找到自己的一个内心根据地。

> 宠辱不惊，看庭前花开花落；
>
> 去留无意，望天空云卷云舒。

范仲淹是从容淡定的，他曾在《岳阳楼记》里写道：不以物喜，不以己悲。意思就是不因外物的好坏和自己的得失而或喜或悲，表现了古仁人（古时品德高尚的人）的豁达胸襟。能做到如此境界，也算是一个品德高尚的人了。得意时，不必彻夜狂欢；失落时，更无需寻死觅活地悲伤。面对别人的夸赞和外来的诱惑，能保持清醒的头脑，付诸一笑；面对朋友的背弃，希望的破灭也不会有过多的痛苦，淡淡的。谁说这不是一种成功呢？

淡定从容是一种宽容的美德。面对别人对自己的冒犯，能够做到理解别人，原谅别人无心的过错。所谓人各有志，每个人有每个人的生活哲学，尊重他人的选择，不迁怒他人不就是一种美德吗？能够做到淡定从容的人不会为一点点的不快耿耿于怀。事物的存在，必有它存在的理由，事物的消亡更有它消亡的道理。淡定的人，因为内心的宽容，所以没有了尖酸刻薄，没有了斤斤计较，更不会自寻烦恼。有时候，善待他人，也是在善待自己。用自己的豁达和宽容，赢得别人认同的快乐，何乐而不为呢？

淡定从容是一种理智，只有这样，才会在喧哗的人群中让你保持清醒的头脑，从而清楚地认识自己，客观地评价他人，看到自己的优点和缺点，用别人的优点来弥补自己的缺点。所谓君子之交淡如水，便是如此。睿智的人，才知道淡才是真的道理。物极必反，在纷纷扰扰的红尘中，只有放下浮躁，才能取得内心的平和，灵魂的安静。人因年轻而气盛，经过时间和经验的累积，才能取代年轻时的浮躁，求得淡定与从容。因此，可以说淡定从容是一种智慧的沉淀，是一种经历的累积，或者我们可以说它是为人的最高境界。

淡定从容更是一种群体意识。人的本质属性是社会性，人是群居的动物，合群的人，是真正有魅力的人。每个人处在生活中，都需要得到同类的认同和理解。离群的孤雁，就只能在天空哀鸣了。众人拾柴火焰高，所以集体的力量是不可限量的。只有取得群体的帮助和认同，我们才能够获得真正的快乐，才能实现我们的人生价值。因此，我们要尽可能地帮助我们身边每一个需要帮助的人，不要让他们失去了集体的温暖。帮助了别人，就是快乐了自己。只要你打开了心窗，就会有一缕阳光，进入你的心房。

古语有云：非淡泊无以明志，非宁静无以致远。在时间的长河里，洗尽身心的浮华；在日月的轮转中，剔除浮躁，慢慢沉积一份淡泊的宁静。不知愁滋味的少年，无法体会个中真理。一切都是这么的云淡风轻，平静宁和。在青春远逝的脚步声中，迎来从容淡定与人为善的美。在眼角的细纹里沉积一份睿智的从容和达观。在走过的风风雨雨人世沧桑中，学会与人为善的美德，寻求一份心的平和和淡定。以德报怨，宽容他人，相逢一笑泯恩仇。

对于茫茫的宇宙来说，人类是那么的渺小，微小的像一粒尘埃；在漫漫的历史长河中，一个人又何等微不足道。如此一来，再回头看我们身上的那一点所谓的不快乐，又何足挂在心上呢。历史告诉我们，只有把个体放在群体当中，才会有社会的进步和人类的发展，否则，一个人是无法发展的。

　　一年四季人们走过夏冬春秋，历经了人生的分分合合，经历了风风雨雨的坎坷人生路，才终于领悟到，富贵荣华都是浮云一片，只有平平淡淡才是真。而淡定从容是人性中最闪光的魅力所在。

　　人活一口气，很多时候，人活的是一种心境。什么是心境，也就是一种感觉。一个人要是能理清自己的思绪也算一种能力和素养。最起码活个明白，知道自己能做什么和该做什么，人的一生不可能风平浪静、一帆风顺的。不过，要是真遇到了事情，能够淡定自如，顺其自然。

　　人在太多的时候，在乎的并非事情本身。无论什么事都会随着时间的流逝渐渐被淡忘，或被封尘在心底。人，除了走不出自己的心，什么都会过去的。心要是真静了心就安了。人更多的时候，都是只注重自己的感觉，而忽视了别人的感觉。这是很多矛盾的所在。如果，人要是能换位思考，学会逆向思维，很多问题也就迎刃而解了。任何事情都是一样的结果，真情能经得住时间的考验，假意终究会失去耐心。真的假不了，假的真不了，事实真相终究会大白，伪装最终会被识破，水落必定石出。

　　人在太多的时候，只注重事情的结果。如果能换个角度，能够享受整个过程，也是人生一大快事。很多事情上，过程远比结果更有魅力。会享受过程的人才是真正懂得享受人生的人，因往往你寄予的希望有多大，失望也就有多大的。就像爬山，有的人一开始把登上山顶作为自己的目标，一路急急忙忙，错过了很多风景，等到了山顶，忽然发现眼前的一切也不过如此。而能在登山过程中欣赏沿途风景的人，即使没有到达顶峰也会有意外的收获。

　　当然，我们这里说的淡定可不是平庸，而是一种超然的生活态度，如果你觉得淡定是平庸，那么你就大错特错了。你可以在平淡中感受着寻常的幸福，可以感知生活的美好，这个时候你会发现你的身边不会缺少好心人，父母总是在你最需要的时候给自己最大的支持，庆幸也还有那么几个知心挚

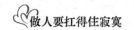

友，身边其实不乏美丽的风景；也可以在平凡的生活里怀揣一颗感恩之心，学会赞美，学会宽容，把信心的口袋装满，修复日见粗粝的灵魂，活得简单而有味道。这样的人生，必定是收获满满的。

7 人生无需随大流，寂寞窄路见成功

很多时候，人们都以为真理掌握在大多数人的手中。然而事实证明，真理最初是由少数人发现的。由于真理被发现后，一开始都不会被大众所接受，只是在少数人那里流传。所以在真理被发现的初期，往往是不容易被理解的，也是孤独寂寞受排斥的，甚至由于触犯一些利益团体的利益会受到迫害，有不少人因此而丧失了生命。因此，从某个意义上讲，真理是孤独寂寞的。

"跟风"已经成了很多人的习惯，尤其是在今天的生活和工作中，为了避免自己承担后果或者是责任，一味地学着跟风，你宁愿跟随在别人的身后，也不愿意为了自己的成功，走出一条属于自己的道路。所以说人生不需要随大流，在寂寞的小路上，或许你会看到成功的存在。

在通往成功的路上亦如此，所以我们无需随大流，寂寞窄路也许正是通往成功的蹊径，一个成功的人生，是不需要跟随别人的意愿的，相反，你如果想要拥有更广阔的天空，那么就必须有属于自己的领地，也必须拥有属于自己的思想，如果你能够让自己的思想得到升华，那么你会发现自己的生活属于自己，自己的成功也是属于自己的。

布鲁诺的故事想必很多人都听说过。他出生于意大利拿坡里附近的一个

小镇，布鲁诺长到九岁的时候，他前往那不勒斯城学习人文科学、逻辑和辩论术。布鲁诺是一个勤奋好学、大胆而勇敢的年轻人。在接触到哥白尼的《天体运行论》的时候，他火一般的热情被这一理论强烈地吸引了。打那儿以后，他抛开宗教思想，开始为科学真理奋斗终身。

由于布鲁诺信奉哥白尼学说，布鲁诺被当时的宗教势力看成宗教的叛逆，被指控为异教徒并被革除了教籍。公元1576年，布鲁诺不得已只好逃离修道院，流亡国外，他四海为家。虽然面临着这样的困难，布鲁诺仍然始终不渝地宣传科学真理。他到处作报告、写文章，还时常地出席一些大学的辩论会，用他的笔和舌毫无畏惧地积极颂扬哥白尼学说，无情地抨击官方经院哲学的陈腐教条。

布鲁诺在天文学和数学方面并不专业，然而他却以超人的预见大大丰富和发展了"哥白尼学说"，为科学事业作出了巨大贡献。在《论无限、宇宙及世界》这一书中，布鲁诺提出了宇宙无限的思想，他认为宇宙是统一的、物质的、无限的和永恒的。在太阳系以外还有无以数计的天体世界。人类所看到的只是无限宇宙中极为渺小的一部分，地球只不过是无限宇宙中一粒小小的尘埃。捍卫科学的战士布鲁诺以勇敢的一击，将束缚人们思想达几千年之久的"球壳"捣得粉碎。他没有追随当时占主流的宗教思想，而是以他卓越思想推进了科学的发展，让与他同时代的人感到茫然，为之惊愕！在当时的人们看来，布鲁诺的思想简直是"骇人听闻"。

公元1600年2月17日，布鲁诺在罗马的百花广场上英勇就义了，一个伟大的科学家就这样被烧死了。不过，历史证明，布鲁诺是对的。

由此，我们不得不说，群众的眼睛是雪亮的，这句话要成立也是有条件，因为在群众的组成人员中，大部分人只是随势所趋，并没有真正的判断力，所以真理往往掌握在少数人手中。

不要跟风，别人相信的东西不一定是正确的，同样地，一个人最大的价值或许就是能够独立地做决定，选择适合自己的道路，如果你总是跟随别人的脚步，即便结果是正确的，那么最终你也无法实现自己的成功，每个人的生活都需要正确的分析自己之后，作出自己的决定，如果你一味地跟随别人的脚步，那么最终也是无法实现自己的成功的。

很多人都听说过羊群效应。是这样的：把一根棍子横在一群羊面前，第一只羊看到棍子跳过去，第二只羊看到棍子也跳过去了，第三只、第四只也会如此。这时候，如果突然把棍子撤走，后面的羊还是会像前面的羊一样，向上跳一下。拦路的棍子已经不存在了，完全没有必要再跳一下，但是后面的羊根本就不会思考，而是盲目地效仿前者，这就是所谓的"羊群效应"。

你有你要走的路，同样你有你的人生奋斗目标，所以说这个时候你就要学会让自己拥有属于自己的天空，不管在什么时候，你都要学会让自己变得坚强，一个人要想实现自己的成功，那么就应该学会让自己拥有属于自己的思想，不管是做什么事情，都要有自己的思想和选择，不要因为自己的无法选择而变得无法释怀。

寂寞的时候你不妨学着去思考，思考自己眼前的路是否有利于自己的成长，在生活中，如果你能够让自己感受到属于自己的幸福，就像是蓝天一样的幸福。所以说，不要盲目地随大流，多数人的决定不一定适合你，同样地，你的决定也不一定适合别人，在这个时候你最主要的事情，就是找到属于自己的路，只有这样你才能够看清楚自己前行的道路，才不会被别人所累。

走在追梦的路上，不要过于相信大多数人认为的真理，很多时候真理是掌握在少数人手里的，这样的追逐也许是寂寞的，然而成功会给你最后的补偿。人多的好处是力量大，但是人多不一定选择的道路正确，同样地，即便是正确的，但是对于你来讲，最终的结果是否适合你，这也许只有你自己知道。

寂寞的时候你不妨自己去寻找属于自己的道路，如果你在生活中，找不到属于自己的道路，只是一味地跟随别人的脚步，即便别人走对了，对于你来讲，可能不是一件正确的事情，所以说不管在什么时候，你都要有属于自己的思想，最终才能够实现自己的成功。

8　在寂寞中专注脚下的路

股神巴菲特有一句名言："如果你持有一种股票没有 10 年的准备，那么连 10 分钟都不要持有。"这里说的就是专注的问题。我们都特别迷信一些天才，在各方面都很出色。但是，首先你应该明白，他，无论是谁，每次也只专注于一件事。

很多所谓的成功人士，也并非我们想象的全才，都有他们的弱项。他们之所以成功，也并非他们是天才，而是因为他们在自己所从事的事情上做到了专注。专注自己脚下的路，往往会让一个人充满力量，这种力量往往能够帮助他克服很多的痛苦。

嘉信理财的董事长兼 CEO 施瓦布从小文科成绩都是"大红灯笼高高挂"。他的读写速度很慢，英文课需要阅读经典名著时，只能从漫画版本下手。但是施瓦布之后凭借优异的数理成绩，进入美国名校斯坦福大学就读。他发现商业课程对他而言比较容易，于是选择经济为主修，在英文及法文仍然不及格的同时，投注全力于商学领域，获得 MBA 学位。毕业时，他向叔叔借了 10 万美元，开始自己的事业。1974 年，他于旧金山创立的公司，如今已名列《财富》杂志 500 家大企业，拥有 26000 多名员工。

事到如今，施瓦布的读写能力仍然不怎么样，但是他却能够成功，原因很简单，就是因为他专注于自己喜欢的事情，专注于脚下自己选择的道路，这样一来，他的成功也就成了生命中的必然。

在通往成功的路上，人可能会受到各种各样的诱惑，如果不能做到专心则很难做好一件事。这时候，就需要我们主动忍受寂寞，寂寞中，我们更容易一心一意，摒除干扰，专注于我们正在从事的事情，就能获得成功。

一对农村夫妇老来得子，所以对孩子宠爱有加，在蜜罐中长大的儿子养成了一意孤行的脾性，做事毛毛糙糙，就连走路也走不好，时常跌进水田里。这让望子成龙的父母忧心忡忡。儿子长到7岁，和其他孩子一样上了小学。顽皮的小男孩总是喜欢走路时东张西望，不是弄湿了鞋子，就是弄脏了裤子。弄得他母亲整日跟在他后面洗，也不能保证这孩子衣服的干净。

有这么一天，孩子的父亲为了教育儿子，于是带一把铁锹去儿子上学必经的田埂上，在上面断断续续地挖了十几道缺口，然后用棍棒搭成一座座小桥，要想通过这个田埂必须小心谨慎专心致志。那天放学，儿子走在田埂上，看面前一下子多出了这么多小桥，非常意外。开始考虑是走过去，还是停下来哭泣？四顾无人，哭天天不应，叫地地不语。最终他只好选择了走过去。当背着书包的他晃晃悠悠地通过小桥时，惊出一身冷汗。不过，这一次，他没有弄湿鞋子，也没弄脏衣服。

吃饭时，小男孩跟父亲讲了今天走过一座座小桥的经历，脸上满是得意的神色，很是神气。做父亲的坐在一旁，夸他勇敢。打那以后，他上学的路上再不像以前那样东张西望了。孩子的母亲对丈夫的举措有些不解，丈夫说："平坦的道上，他心无挂碍，所以左顾右盼，当然走不好路；坎坷的路途，为了防止出差错，他的双眼必须盯着路，所以走得比以前平稳。"

在孩子成长的路上，设置一些障碍有时候是非常必要的。一味地给他们提供顺境，让其想法不经过努力就能实现，等长大后，一旦遭遇挫折，他们必然会经受不住打击，而立刻产生种种令人意想不到的后果。拖一把铁锹，在孩子前进的道路上设置沟壑，把平坦的大道变成窄道，让孩子勇敢地走上去，这样，他们就会专注于脚下的路，才不致误入歧途。挖断孩子前进的路，培养他们脚踏实地的习惯，他们今后的人生就会少些失败多些成功。

田野中的小溪，从不因为自己没有大海的宽大广博而叹息，而是尽自己最大的力量去滋养身边的小花小草。终于有一天，人们发现它的周围已是乱花迷人，绿草茵茵。专注于自己脚下的路，不要过多地看路边的野花，要知道野花的存在不仅仅是让你拥有很好的心情，很多时候会阻碍你的前进，甚至会在你前进的道路上扰乱你的思绪和打消你前进的动力。

郊野里的嫩芽，从不因为自己不如大树的高大茂盛而烦闷，而是尽自己最大的努力去增加一抹翠嫩的新绿。终于有一天，人们发现它已成为田野中一道最有生机的风景。当你看到自己脚下的路已经变得崎岖，那么你不要忧伤，更应该坚持走下去，毕竟这是你的选择。

大河边的碎石，从不因为自己不如高山的雄壮美丽而悲伤，而是用自己的身躯为人们铺出了一条平坦的路。终于有一天，人们发现它已呈现出高山所不曾拥有的美丽。寂寞并不可怕，可怕的是你在寂寞中沉沦。

要懂得专注自己脚下的路，做好自己手中的事情，就是这样简单，它看似平常却也可以使你大放异彩。做好手上的事情，会让你感知到自己生活的乐趣，就如同孔繁森手中的钢笔，它可以描绘出西藏人民美满生活的蓝图；做好手上的事情，可以让你看到自己存在的价值，就如同李素丽手中平凡的车票，它可以折射出人与人之间爱的光芒；做好手上的事情，就是王顺友手上普通的信件，它可以为深山中的人们带去温暖与希望。当你感受到寂寞的时候，或许这就是属于你的人生道路，这个时候你只要专注于自己的选择就可以了。

坚持做好自己手上的事情，专注自己脚下的道路，总有一天我们会发现，潺潺的小溪已汇成奔腾的江海，稚嫩的幼芽已长成可以遮阴的大树，无数的碎石已铺成宽广的大路，自己已经成为一个成功的人。

在这个美丽的世界上，你会拥有什么样的生活呢？要知道你脚下是什么样的路，你就拥有什么样的生活。所以说，不管在什么时候，都要学会坚持，坚持自己脚下的路，只有坚持下去，才能够让你拥有更多的成功。专注自己的选择，你会发现自己的人生会像彩虹一样绚丽多姿。

第四章

耐住寂寞，无惧诱惑

人活一世，不被寂寞困扰的人很少。有不少人因为耐不住寂寞，面对外界形形色色的诱惑不能自持，最后虚度了光阴落得老大徒伤悲的下场。其实，寂寞只是一种心境，撩开了就会发现，世界依然很精彩。只要你身临其中，就会发现另外一种情趣盎然的生活。在寻梦的路上，只有耐得住寂寞，才能坚持到最后。常言说，笑到最后，笑得最甜。仔细观察，你会发现，生活过得幸福，事业做得成功的人，大都是能耐得住寂寞，经得起诱惑的人。

寂寞人生路，诱惑何其多。如果你能够抗拒外界对你的诱惑，学会淡然释怀，那么你就能够克服成功道路上的困难，让自己享受在这份寂静中，让自己在寂寞中变得强大，最终排除外界对自己的干扰，实现自我突破。

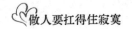

1 与其急功近利，不如淡定从容

"心急吃不着热豆腐"，我们经常会听人们说这样的话，很多时候着急完成一件事情，往往不会得到很好的结果或者不会达到很好的效果，如果你能够淡定从容一些，最终你会发现自己的成功已经慢慢地到来。

人的一生中，往往会看到很多有利于自己的成功，但是不要强求，要知道强求往往不会有好的结果。在生活中，我们需要的是淡定从容地去经营，经营我们的生活或者是经营我们的事业，最终的结果往往并不是你所能控制的，所以说过程很重要，如果你在过程中努力了，那么也就无所谓失败和成功，只要你懂得从容地面对，那么你的生活一定会开出幸福的花朵。

人生路漫漫，在不同的人生阶段，或许你都想要得到很多的东西，但是不管在什么样的时候，你都要明白自己存在的价值。同时，你想要实现自己的成功，或者说要想做到不急功近利，那么就要保持良好的心态，尤其是要学会让自己变得从容淡定，只有自己能够从容淡定，那么最终才会实现自己的快乐。

在历史上，在我们生活中，因为急功近利导致失败的例子不胜枚举，甚至我们小学就学过揠苗助长的故事。

故事是这样的，古代宋国有一个农夫，性子特别急。农夫每天起早贪黑，辛勤地劳动，他盼着禾苗快快成长，于是他今天去量量、明天又去测测，可是一天天过去，总感到禾苗好像一点儿都没见长，他心里非常着急。想着这件事他晚上躺在床上睡不着，他一直在想：怎么能帮助禾苗长高呢？

想啊想，终于想出个好办法，于是他美滋滋地进入了梦乡。

第二天他起了个大早，快步跑到田里，开始把禾苗一棵一棵地往上拔高。他干得非常投入，从早晨拔到中午，然后又顶着炎炎烈日从中午拔到日落，田里的禾苗全都拔了一遍。这一天下来，他干得精疲力竭，累得腰酸腿痛的。不过，他心里十分高兴，很是为这办法的高明而洋洋自得。

干完一天活儿之后，他拖着疲惫的双腿，摇摇晃晃回到家里，顾不得擦干身上的汗水，兴奋地告诉家人："你们等着瞧，今年的庄稼，哪家也比不过咱们的。"

妻子问他："你有什么好办法？"

他骄傲地说："今天我帮助禾苗快长，都往上拔了拔。"

他的儿子听了不明白是怎么回事，立即跑到田里去看，结果发现，田里的禾苗全都枯萎了。

人们根据这个故事，引申出"揠苗助长"这句成语，用来比喻不顾事物的本来规律，凭自己愿望做事，急于求成，反倒把事情办糟了。我们都知道，故事里那个拔苗的人十分可笑，听过这个故事的人，大概也认为这样的事情不会发生在自己身上。其实不然，现实生活中，类似于揠苗助长的事情，我们也一点没少干。

这是一个浮躁的时代，每个人都渴望着成功，期望自己一夜暴富，一夜成名，每个人都在做着自己的成功成名之梦。然而，一夜倾家荡产的多，一夜名誉扫地的也不少。一下子富起来的例子真是不多，即便是有，人家也是做了多少年的精心准备，经历了多少次的失败之后才做到的。一夜成名靠的也是实力，否则成的也不是什么美名。

也许，有人会说，我们只是凡人，一辈子也遇不到什么大事，不至于像丘福那样丢了性命。不过，在我们生活中的急性子、毛手毛脚、心浮气躁、妄图一口气吃出个胖子、一锄头挖口井等等，都是缺乏耐力，性格急躁的表现。对于这样的表现，深层的原因很复杂，比如社会的竞争压力、快速的生活节奏等。诚然，生活的环境会改变我们，但是为了我们的目标，我们更需要保持好的习惯与心态。

当你发现你的身边充斥着浮躁的因素的时候，你就要告诉自己这样的事情不会是自己的选择，在自己的生活中，我们需要的不是急功近利，要知道着急完成一件事情必然会出现漏洞，这样的漏洞会影响到你最后的成功，所以说不管在什么时候，你都应该得到自己的成功，每个人都希望自己的成功变得更加的顺利，这就要学会淡定从容。

人生不如意十有八九，所以说不要单纯地以为自己的成功会来的很快，在很多时候等待你的结果往往是失败，但是这个时候你就要学会让自己从容地去面对自己的失败，如果你无法正确地面对自己，那么最终是无法实现自己的转折的。所以说即便你现在失败了，也应该变得淡定一些，正确地从容地面对眼前的失败，这样一来，你得到的往往会是成功。

曾经有过这样一个调查，调查者为拿破仑·希尔，调查对象为美国各监狱的 16 万名成年犯人。结果发现，这些犯人无论男女，之所以成为罪犯，有 90％的人是因为缺乏必要的自制力和忍耐力，就是因为这一缺点，让这些人没有把有限的精力用在积极有益的方面，所以才会误入歧途。残忍的事实告诉我们，忍耐力的缺乏会让一个人在工作中导致失败。比如客户说了几句不中听的话，你就立即针锋相对，甚至以牙还牙，工作怎么会顺利呢？

在当今时代，能够静下心来，认真地做一件事情不是一件容易的事情。不过，我们要知道没有任何成功，是轻而易举就能达到的。而且，这又是个细节决定命运的时代，粗心急躁，也很难成功，因为过于急躁的人，往往在不经意之间疏漏掉许多重要的关节。所以，作为一个有理想、有抱负的人，想在自己短短的一生中有所成就，就只能戒骄戒躁，从容淡定，要不然，过于急躁冒进的人到最后往往适得其反。

强求冬天开出娇艳的玫瑰，最终你会失去观赏雪景的雅兴，而玫瑰也不会因为你的强迫而改变自己开放的时间，所以说不要强求，该成功的时候自然会成功。在生活中，你更不要因为自己内心急于成功，而做出"拔苗助长"的事情。淡定从容地处理自己身边的事情，最终你会感受到人生的乐趣，要知道结果不一定是最重要的，享受这个过程，往往更有价值。

2   成功就是挺立在失败与诱惑的废墟上

你可以总结一下你的过去，在过去你拥有了多少机会，或者说你成功过多少次，失败过多少次，你的失败是因为什么？是因为诱惑还是因为自己的堕落，要知道成功就是建立在诱惑之上的，也就是建立在失败之上的。

俞敏洪曾经有一个特别有名的演讲，题目就是"挺立在孤独、失败与屈辱的废墟上"，演讲中他总结了成功所必须具备的三种精神：

首先，是忍受孤独的能力。他说在成功之前，你永远是孤单的，没有人能帮得上你。所以，在追梦的过程中，我们要学会自助，所谓自助者天助，所谓自求多福。孤寂与喧闹之间，追梦者别无选择，只能忍受一个人的寂寞与孤独。

其次，是忍受失败的能力。无论是我们自身还是周围的世界，我们看到的成功的例子要远远少于失败的教训。在学会接受成功的荣耀之前，我们更要学会如何面对失败。正如一首歌里唱到，没有风雨怎么能见彩虹，没有人能随随便便成功。

第三是忍受屈辱的能力。我们在生活中常常会受到侮辱。你到商店买东西，售货员横眉竖眼，你会觉得受侮辱。韩信之所以能够成就最后的大业就是因为他有忍受屈辱的能力。

所以，忍受孤独的能力是成功者的必经之路；忍受失败的能力是重新振作的力量源泉；忍受屈辱的能力是成就大业的必然前提。忍受能力，在某种意义上构成了你背后的巨大动力，也是你成功的必然要素。要想有所作为必须先有精神状态，没有精神状态的人活着不可能有成就和创造。

人活一世，有几个人能不被寂寞困扰呢？其实，寂寞只是一种心境，真正看透的人就能够体会到世界其实很精彩。只要你身临其中，就会发现另外一种情趣盎然的生活。耐得住寂寞的人能坚持到最后，笑到最后，耐得住寂寞的人能得到幸福，耐得住寂寞的人是成功之人。寂寞带给人的是一种磨炼，是对人生的深思，只有在寂寞中总结自己、看清自己，才能更好地迈向成功，因为成功的辉煌往往就隐藏在寂寞的背后。若想成功，必须耐得住寂寞。许多人之所以没有成功，是因为耐不住这份寂寞，他们通过各种方式来填补内心的虚空，用网络逃避现实，用娱乐消磨时间……

在通往成功的路上，我们首先要面对孤寂，面对失败，甚至面对屈辱。当别人无法感受你的感受，无法理解你的行为，无法帮你什么的时候，你是寂寞的，甚至是痛苦的。然而，如果，你想成功，别无选择，不如挺立在寂寞、失败与屈辱的废墟上，把所有这一切当成你成功的动力。当你寂寞、伤心、失望的时候，换个角度，也许柳暗花明。

现实生活中，有些也能经得起诱惑的人，却并不一定能成功，这主要是心浮气躁的结果。但耐得住寂寞的人，会更容易成功，因为他对事业的专注接近偏执。

在这里，我们应该注意很多事情，一定要记住下面几句话："贵有恒，何必三更起，五更眠。最无益，只怕一日曝，十日寒！"无论学习还是工作最怕的是"三天打鱼，两天晒网"。要知道，学习在很多时候都是枯燥无味的，创业更会经历千辛万苦，因此，不管是做什么都需要具备坚忍不拔的毅力和耐得住寂寞的决心，"锲而舍之，朽木不折；锲而不舍，金石可镂"。尽管，耐得住寂寞的人未必都能成功，不过成功者肯定是耐得住寂寞的人。

不要说我们只是凡人，而觉得自己与成功无缘。无数的平凡人也经过自己的奋斗，而取得了人生的成功。其实，成功者在获得成就之前，与我们并无多大差异。克尔连续六十天拜访拒绝自己的客户，终于创造了不凡的业绩；班·符特生两腿瘫痪却成为国会山上最受尊敬的议员；热佛尔曾经是一个堕落的黑人青年，凭借自己的毅力最终成了垒球明星；贺拉斯·格里利从一个一无所有的乡下人，历尽艰辛而创办了《纽约人报》……看了这些例子，你还觉得你一无是处，没有成功的可能吗？

我们可以这样说，每一个不畏逆境执着追求的人都会成功；或者说，每一个成功者也都是经历了无数磨难才达到巅峰的。

然而，如今很多人已经失去了这种伟大的精神。更多的人只是在无休止地抱怨着命运，甚至妄想天上能够掉馅饼，正好被自己接住。这些人不愿更努力一点，更不愿为收获而多流一滴汗水。受整个社会环境的影响，人们变得越来越浮躁，变得越来越肤浅，甚至有些麻木了。空对未来做出美好的幻想，却从来没有为自己的梦想付诸行动。

如果我们像那些成功者一样，顽强地与命运和现实抗争，那么，成功真的就那么遥远吗？如果你曾经失败过，那么你现在就拥有了成功的基石，如果你曾经被外界诱惑过，那么现在你得到的将不仅仅是外界的一切，你享受到的也应该有成功。

3　排除干扰，在寂寞中自我强大

挪威大戏剧家易卜生先生有一句话说得很好："这个世界上最坚强的人是孤独的、只靠自己站着的人。"这是因为，只有能在挫折面前挺住，不被寂寞打倒，才能收获心灵的坚强。坚强是命运之神送给坚强者最好的礼物，只是很多人不知道，那个送来这份礼物的使者正是寂寞。试想，你拒绝了寂寞的造访，怎么会收获坚强呢？

你是生活在社会中的人，所以说不管在什么时候都要认识这一点，并不是所有的事情都按照自己的想法来发展，在很多时候你自己所面临的事情往往会彰显出一个共同的特征，那就是你无论做什么事情，都会受到外界的干扰，如果你能够排除外界的干扰，那么最终你就能够实现自我的强大。

寂寞的人很多，各有各的寂寞，但是能够利用寂寞壮大自我的人，往往不多。很多人在寂寞的时候选择了一些本不应该属于自己的东西，这就是外界的干扰之后，让你选择的诱惑，所以说，一个自我强大的人，往往会排除外界的干扰，实现自己的目标。

寂寞是我们人生无法回避的一种状态。寂寞时刻，我们蜷缩在自己狭小的空间里，尘世的喧嚣和纷杂都与我们无关，我们得以暂时从这种纷扰中抽身，把我们的心收回家中，我们的眼睛和耳朵开始转向内在的心灵世界，去看这个经常在尘世的诱惑和刺激下而遗忘了自我的心灵，去倾听来自心底的真我的述说。我们可以尽情舒展自己的心灵，把一切都拿出来检查一遍，不仅是那些好的、善良的，还包括那些坏的、邪恶的，去找到这些黑色邪念的来源，掐断对心灵世界给它们的养分供应，让它们开始萎缩、凋零。如此，寂寞也是我们思想过滤沉淀的过程，它让我们的人生更充盈、更睿智。

一个睿智的人，往往经历很多。不管你有什么样的经历，最重要的是要学会让自己变得强大，如果你无法实现自己的成功，无法排除自己内心的干扰，或者是来自外界的干扰，那么最终你是无法实现自己的愿望的，每个人的生活中需要的都是力量，如果你不能在寂寞中自我强大，那么你寻找到的繁华也只会是过眼云烟。

很多人听说过波尔蒂的故事。他从小聪明过人，然而上帝是残忍的，寂寞与丑陋伴随他左右，因此，这个聪明的人的一生都难逃别人的疏远和歧视。聪明的波尔蒂从小就口吃。在一场大火中，他的左脸留下了一块丑陋的伤疤。因为这些缺陷，他成了别的孩子逃避的对象，没有人愿意和他一起玩。即便是亲兄弟姐妹都不喜欢和他在同一张桌上吃饭。所以，孤独和寂寞像影子一样追随着幼年的波尔蒂。

不过，波尔蒂并没有因此而陷入自卑和痛苦中。相反，他勇敢地接受了所有的事实，并努力做到了与寂寞友好相处。因为小波尔蒂相信，有些事情是无法选择的，比如容貌，比如口吃，但他可以把握自己的心态，这样，他就可以把握自己的人生方向。

有一回，他的一个同伴不怀好意地走到他跟前对他说："你这个丑八怪，你除了脑子转得快，其他的一切都令人恶心。"

波尔蒂微微一愣，随即开心地说："谢谢你，真的非常感激。"

那个小朋友被这个意外的回答逗得哈哈大笑："难道你傻了吗？真是笨蛋。"

波尔蒂却一板一眼认真地说："我刚才讲的都是真心话，因为你不仅主动和我说话了，而且告诉我，我很聪明。你提醒了我，我有自己的长处，我为什么不感谢你呢？"

长大后的波尔蒂也经常因为自己的缺陷而被人歧视甚至取笑。有一次竞选，敌对政党抓住一切对波尔蒂不利的事情对他进行了大肆抨击，波尔蒂丑陋的面貌又成为别人捉弄他的话题，如果换成旁人，肯定面红耳赤，下不来台。但是，长期的孤独与疏远，让波尔蒂练就了坚强的性格，他很快就调整了过来，用开朗的心态对待这一切。他强调，一个合格的领导人最重要的是他的智慧和公益心，他应该经得住各种诱惑和打击来坚持为公众谋福利，而自己就是最好的人选。这番话，加上波尔蒂不凡的表现，让人们坚定了对他的信念。因为人们在波尔蒂身上看到了这种智慧、坚定和坦诚。相反，人们开始对反对党的不道德人身攻击极其厌恶。于是，在这次竞选中波尔蒂高票当选，开始了他人生新的征程。

在孤寂中，波尔蒂承受了许多人生的冷清与苦涩，在疏远与寂寞中，历练顽强的意志，养成了乐观的人生态度，所有的磨难与挫折让他变得更为成熟和智慧，这些正是波尔蒂日后成功的关键。波尔蒂的故事告诉我们，要想成功就需要走好一段艰难的路程，在这个过程中与灵魂进行深度对话，从内心深处呼唤勇气和力量，才能更坚强地走好以后的人生之路。

在我们的生活中，我们经常会遇到一些挫折，那么如果你能够正确地面对眼前的挫折，那么最终你就会成为一个勇者，寂寞的时候你也会变得勇敢，不会害怕眼前的寂寞，更不会因为寂寞而失去自己的理性，每个人的生命都是很重要的，所以说要学会在寂寞中自我强大，每个人都希望自己能够变得强大，所以说这个时候你就要明白这一点，用自己的寂寞壮大自己的内心，排除外界的干扰，实现自己的目标。

外界对你的干扰，往往会成为阻碍你前进的绊脚石，那么怎么样才能够让自身摆脱这种干扰呢？当然，要做到排除外界的干扰，就要让自己拥有一颗勇敢的内心，只有勇敢地去对抗外界的干扰，你才能够实现自己的成功。

你永远不会摆脱外界的干扰，因为你生活在一个社会中，在你的身边不停地发生着一些事情，不管是好的事情还是坏的事情，这些事情都在发生着，无疑会影响到你的心情，所以说这个时候你就要学会排除这种干扰，让自己学会在寂寞中壮大自我。如果仅仅只有外界的干扰那也不会让一个人迷茫，很多时候来自自身的干扰，往往会让你深陷其中，所以说排除内在干扰也十分重要，这往往也是影响你成功的关键所在。

4 坚忍的乌龟快过三心二意的兔子

坚忍是一种人生的境界，在这种境界中你所拥有的不仅仅是奋斗，更多的是一种心态或者说是一种精神，一个懂得坚忍的人，往往能够得到很多想要得到的东西，同样地，如果你不懂得坚忍，总是意气用事，那么最终你会发现自己身边的一切都在发生着变化。

坚忍是一种品质，如果你能够让坚忍的品质显现在自己的内心上，那么最终你就能够实现自己的快乐，要知道每个人的人生都是不一样的，但是唯独坚持自己的人生目标，你才会得到想要的结果。

想必在小时候，我们就听说过龟兔赛跑的故事，在很久以前，有一只乌龟与一只兔子，它们认为自己比对方跑得快，于是决定一决高下。可想而知，肯定是兔子跑得快。但是兔子在超过乌龟之后，竟然放松了心态，坐在一棵树下睡着了，最后乌龟坚持自己的目标，一刻也不松懈，最终超过了兔子。在这次比赛中，乌龟无可争辩地当上了冠军。这个故事告诉我们，能够取得胜利的往往是那些稳步前进者，一开始冲劲儿很大，没有耐心的人往往坚持不到最后的胜利。

这是一个简单的故事，但确实是乌龟的坚忍才让它得到了成功，如果你不能够坚持，那么最终是无法实现自己的进步的。兔子的三心二意让它无法实现自己的成功，同样地，一个人如果无法做到像乌龟一样的坚忍，又怎么会实现那来之不易的成功呢？

即使是很简单的一件小事，倘若三心二意，也是很难做成的。更别说值得我们为之奋斗一生的梦想了。古往今来，但凡成功者，天资未必比别人好多少，与常人不同的就在于他们在追梦的路上比常人执着而已。

牛顿从事科学研究的时候总是聚精会神的，因为对于研究太过专注，生活中经常闹出让人啼笑皆非的笑话。有一回，给牛顿做饭的老太太要出门办点事，临出门前把鸡蛋放在桌子上告诉牛顿说："先生！我出去买东西，请您自己煮个鸡蛋吃吧，已经烧上水了，一会儿把鸡蛋放进去就行了！"

牛顿这时候正认真地做研究，于是便头也不抬地"嗯"了一声。老太太回来以后问牛顿煮了鸡蛋没有，牛顿回答说："煮了！"老太太将信将疑地掀开锅盖一看，立刻目瞪口呆了：锅里居然煮了一块怀表。再看鸡蛋还在桌子上放着呢。原来牛顿忙于工作，顺手拿起怀表扔进了锅里。这就是著名的牛顿煮怀表的故事。

更有意思的是有一次，在搬进一幢新楼之后，牛顿开始研究光线在薄面上是怎样反射的。那段日子他每天都在读书、思考。早上起床穿衣服，突然想到了研究中的问题，他就像被定身法定住了一样，半天一动不动，然后又恍然大悟般地开始实验或工作。由于非常专注于工作，他时常穿错了袜子或衣服。

有一次，牛顿的一位朋友拜访他，在实验室外面等了好长时间，左等不出来，右等不出来，这个朋友肚子实在饿了，就一个人把保姆放在桌上的烤鸡吃了，然后招呼也没打便拂袖而去。过了好久，牛顿的实验总算告一段落，感觉到有点饿了，赶快跑出来吃鸡。却发现盘子里啃剩下的鸡骨头，于是大笑着跟他的助手说："哈哈，我以为我还没吃饭呢，原来已经吃过了呀！"

牛顿对人类的进步作出了卓越的贡献。其实，成功者与失败者都同样雄心勃勃过，也都同样行动过，最后的差别可能就在于为理想奋斗过程中，到底有没有专心。其实，正如我们所了解的，无论是牛顿、爱迪生还是其他在科学或其他领域做出成就的名人，他们比我们智商也没高多少。甚至，有些人小时候曾被认为是成不了大器的蠢材，不过，他们最终都在自己的领域作出了杰出贡献，这正是因为他们做事能够专心致志的结果。

古语说得好，十鸟在林，不如一鸟在手。世上看上去可做的事情似乎非常多，然而真正能够抓住的却少之又少。人生的机遇，可能就只有那么一两次。因此，一生做好一件事，只要真正做好了，也就够了。

聪明的人都知道自己适合做什么。比如股神巴菲特从 11 岁开始买第一只股票，现在七十几岁了，还没有改行的迹象，所以，可以说他这辈子只做投资了。巴菲特并非世界上最富有的人，比尔·盖茨比他还有钱。而且巴菲特肯定也知道做软件很赚钱，不过他绝对不会改行做软件，无论股市是牛是熊，他都会沉浮在这里。

其实，任何一个行业都是博大精深的，一个人一辈子的精力是非常有限的，即使花一辈子的精力去钻研和奋斗，未必能真正做到精通，何况三心二意。仔细观察，你会发现，任何一个大师，都只是属于自己那一个领域内的大师。比尔·盖茨最聪明的地方不是他做了什么，而是他没做什么。凭借他的实力，他如果去股市淘金，当个庄家，翻云覆雨，简直是易如反掌。凭借他的实力，他可以去做房地产，但他专注在自己最擅长、最感兴趣的操作系统、软件开发上，而不是被市场上其他的诱惑所吸引。他如果真那样做了，他也就不是比尔·盖茨了。

有一种动物，生活在森林里，叫鼯鼠，能飞但飞不远，能爬树却爬不快，能挖洞却挖不深。虽然，它一身本事，却没有一个是它的特长，所以这种动物很容易成为食肉动物的美味，它吃亏就在于没有把一门技术学精。同理，一个贪心的猎人要追五个方向跑的兔子，最终也将两手空空。

所以，无论是在追求梦想的过程中，还是在生活琐事中，我们都不要迷信什么"一心多用"，与其三心二意，不如一心一意把一件事做好。一次只做一件事，集中精力把手中的工作做好，耐下心来把自己的目标实现，胜过做三心二意的兔子，最后落得捡了芝麻丢了西瓜。

你是否能够专注于自己的事情呢？如果你在做事情的时候，总是无法专心地做每一件事情，在你做事情的时候总是在想其他的事情，那么最终你也将会一事无成。如果你懂得用坚忍来克服一切，你会发现自己的生活中多了几分喜悦，多了几分激情，多了几分豁达。坚持自己的目标，实现自己的理想。

5　淡然是抵制诱惑的良药

　　淡然是一种心境，这种心境最大的好处就是能够帮助你认清自己，认清周围的局势，让你感受到自己存在的价值。同时，你要能够利用好这种心境，那么你就能够抵制外界对你的诱惑，诱惑就像是一条鱼一样，总会在你的身边游动，因此，你应该学会淡然地面对一切，这样你会发现自己会成功。

　　淡然并非是一种平庸，而是一种平和的心态，不要认为对外界的淡然就是不思进取，不知道寻找自己的奋斗目标，要知道每个人的内心世界都需要自己努力，如果你希望实现自己的成功，那么最终你需要的就是抵制外界的干扰，每个人的人生都是不一样的，而如果你能够淡然地面对自己的人生，那么最终你就能够实现自己的进步。

　　诱惑是不可避免的，因为在你的生活中，你需要的不仅仅是一种快乐，更多的是这种人生的阅历，在一个人想要实现自己梦想的时候，他们会寻找一切的有利条件，这个时候诱惑就会出现，如果你将诱惑当成了有利条件，那么你会深陷其中。同样地，一种诱惑需要一种良药，而我们不可否认的是淡然的人生态度，往往能够让所有的诱惑变得黯然失色。

　　佛家有一个故事，讲述了欲望和诱惑之可怕，故事如下。

　　深秋的一天，一个行路人在回家的路上，被一只猛虎追赶。由于慌不择路，一下子跑到了悬崖边。可怜的行路人，前面有悬崖，后面有猛兽。正在这生死关头，他发现悬崖边上长了一棵松树，树枝垂下来一条藤蔓。像抓住了一根救命稻草一样，行路人立刻抓住藤蔓往下滑，可惜的是藤蔓不够长，没有垂到悬崖底部，他整个人悬在了半空中。

　　往上瞧，有凶猛的老虎，往下看有波涛汹涌的大海。更不幸的是大海中还有红、黑、蓝三条毒蛇。再看藤蔓的根部，黑白老鼠正在交互地啃咬着藤根。此刻，有一点湿湿软软的东西落在旅人脸颊上，他伸出舌头舔一口竟然是蜂蜜——藤蔓的根上有个蜂巢，蜂蜜就是从那落下来的。

舔着甘甜的蜂蜜，行路人有些忘乎所以，竟然忘了自己还身处岌岌可危的境地——被老虎、毒蛇上下夹击，而唯一的希望藤蔓还被老鼠啃咬着。甚至，为了尝到蜂蜜，他竟然一次又一次去摇动那条救命之绳，只为享受那短暂的甜蜜。

这个故事看似平常，其实在向我们讲述沉浸在欲望和诱惑中的人生实相，可谓寓意深长啊。人类的贪心，正如故事里的行路人，尽管在九死一生的紧要关头，还非得一尝甜蜜的甘露不可，人性的不堪与脆弱让我们逐渐走向绝境。

藤蔓犹如我们的生命，它会随着时间而磨损，而我们一年年地逐渐接近死亡。然而，很少有人意识到这些，很多人宁可缩短寿命、危及性命也要去汲取"甘蜜"，人是如此不能远离诱惑啊！这个故事旨在告诉我们，贪欲是多么可怕。所以说一个人经不起诱惑的很大一部分原因是来自自身的贪欲，贪念往往会毁掉一个人的一生，如果你能够对身边的事情淡然一些，你会发现其实自己已经得到了很多，自己这个时候更多的应该是享受这份快乐，而不是贪欲的滋生。

有一个有钱人，家有良田万顷，身边妻妾成群，可是脸上很少有笑容。他的邻居是一个穷铁匠，虽然一贫如洗，夫妻俩整天有说有笑，日子过得比蜜还甜。有一天，富翁小妾听见隔壁夫妻俩唱歌，就跟富翁抱怨："我们虽然有万贯家产，还不如穷铁匠开心！你看看人家，过得多开心。"

富翁思考了一会儿，说道："我能叫他们明天唱不出声来！"说完之后，富翁拿两根金条，从墙上扔到了隔壁铁匠的院子里。

铁匠夫妻俩第二天打扫院子时发现自家院子里多了两根金条，心里高兴自然不必说，可是两个人更为紧张。因为这两根不明来历的金条，两个人竟然不干活了。打那以后，铁匠夫妻二人便吃不香，睡不着，生怕自己的金条被别人发现，因此他们不再唱歌，也不再像以前那样快乐。富翁见这情况，便对他小妾说："你看他们不再说笑不再唱歌了吧！办法其实很简单。"

人人都说金钱是万恶之源，其实不然，金钱本无罪。有罪的是人心中的贪欲。有一句谚语说得好："同是一件事情，想开了是天堂，想不开就是地狱。"就是这个道理。就像是例子中的铁匠夫妇，他们在没有拥有金钱之前，他们是快乐的，当他们拥有了金钱，本该更加的快乐，但是因为自己内心的欲望和外界的诱惑，让他们失去了原本的快乐，这就是诱惑的力量。

如果你想要拥有快乐，那么最简单的办法就是抵抗诱惑，在你的内心深处是否有对金钱的渴望，对地位的追求，对名利的羡慕？其实你想要得到金钱这并没有错，但是不能只是为了金钱而生活，我们需要的不仅仅是金钱，我们需要的是让金钱帮助我们实现快乐。你追求地位也没有错，但是不要将地位看作是自己人生的唯一目标，在这个奢华的名词后面应该还有更深刻的含义存在。当然，你羡慕名利也不是错，但是不要让名利占据你所有的思想，不要让自己成了名利的寄生虫。这些都可能成为诱惑，诱导你走错路的诱惑。

在我们的周围，常常有各种各样的诱惑向我们频频挥手，如果被这些诱惑所束缚，我们就会失去自由，甚至失去自我。这就需要我们在诱惑面前，自甘平淡，保持一颗宁静超然的心去面对一切。即使面临再大的诱惑，只要用一颗平常心，得意泰然，失意超然，做起事来，我们就会不慌不忙，不躁不乱。这样的人生永远处在一种安详、平稳的境界，永远轻松自然。

诱惑就像是一条毒蛇，你不知道它什么时候就爬到了你的周围，它会悄悄地盯上你，直到你感受到疼痛的时候，才会意识到。但是如果你想要抵制这种诱惑，赶走这条毒蛇也不是不可能的，这个时候你就要学会让自己拥有

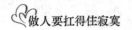

一份淡然的心态，只有这种心态，才能够让自己具有一种免疫力，让这种免疫力帮助你抵制这条毒蛇。

6　弱水三千，只取一瓢饮

"弱水三千，只取一瓢饮"，常常被人们用在感情里。其实，在其他领域，这句话同样是适用的。在我们的生活中，经常有这样的事情发生，我们往往会同时有很多选择，每个选项都是一种美好，如果你这个时候想要抓住所有的选项，那么最终你也无法得到任何一个，如果这个时候你认准了其中一个选项，不管其他选项是多么的美好，只选择这一个，并为了这个选项而付出自己的努力，那么最终你会发现自己已经得到了整片森林。

人生有三种境界——看山是山，看水是水；看山不是山，看水不是水；看山还是山，看水还是水。这是人生的三种境界，而这三种境界中，你到底达到了第几层。

第一种境界，当一个人在人生之初，是纯洁无瑕的，初识世界，一切都是新鲜的，眼睛看见什么就是什么，人家告诉他这是山，他就认识了山，告诉他这是水，他就认识了水。

在第二种境界里，随着年龄渐长，人经历了很多事，就会发现这个世界有着这样那样的问题。随着阅历的加深和我们的成长，在生活中或者是工作中，都会遇到越来越多的问题，而这些问题也越来越复杂，但是要看清事物的本质，要分清黑白是非。这时候的人，心境忧虑，对世界充满了怀疑与否定，所以看山不是山，看水也不是水了。

不少人是经历不到第三种境界的，很多人到了人生的第二种境界就到了人生的终点。追求一生，劳碌一生，心高气傲一生，最后发现自己并没有达成自己的理想，于是抱恨终生。真正到达第三种境界的人，才是人生的大赢家，是少有的智者。这些人通过自己的真心修炼，终于把自己提升到了第三种人生境界，茅塞顿开，回归自然。人在很多时候会专心致志做自己应该做的事情，他们不会偏离自己的内心，同时，不与旁人有任何计较。任由红尘滚滚，自有清风朗月。面对芜杂世俗之事，一笑了之，了了有何不了。到了这种境界的人看山又是山，看水又是水了。

人生三种境界，最终还是懂得如何放下的一种智慧。

大家都听说过杀鸡取卵的故事。说的是从前有个穷农夫，他有一只鸡，这只鸡会生金蛋；但是，可惜的是它一个星期只生一次，而且每次只生一个。农夫对于这只鸡非常不满，他心想："我应该杀了这只鸡，这样我就可以在一天之内得到它肚子里的全部金蛋了。"

愚蠢的农夫说干就干，不一会儿便把那只鸡给杀了，可是他又立刻惊奇地发现，他干了一件多么愚蠢的事：那只鸡肚子里连一只金蛋都没有。农夫后悔不已，暗暗叫苦："唉，我真是活该倒霉！每个星期一只金蛋不要，偏偏要什么更多的金蛋。这下，我的希望，我的慰藉，我的利益全都化为泡影。现在我才是真正到了贫穷的地步了！"

芸芸众生，乱花迷眼。不管是在感情、事业还是学业方面，甚至生活中一件微不足道的小事，我们都不要太过贪婪，都要看清本质，懂得取舍，要不然，只能像故事里的农夫一样，最后落个两手空空，贻笑后人。

懂得放弃其实也就是学会得到，如果你能够放弃本不该属于自己的，你会得到更多属于自己的。就像是你放弃了一棵参天大树，却能够得到一整片森林，每个人的人生都是不一样的，你获得的东西未必就是属于你的，再次的失去可能会让你感受到这些东西的价值，所以说如果你想要让自己得到更多的物质生活，那么，你就要让自己学会放弃，放弃了三千弱水，但是你起码还能够得到其中一瓢。

弱水三千，只取一瓢，这是一种人生态度，这种态度，不仅仅是对你的成长，对你的进步也是有很大帮助的，不管是做什么事情，人生中都需要这样的态度，每个人的人生态度都是不一样的，但是这种人生态度是需要我们具备的。如果你贪图的太多，那么，最终你可能连一瓢的清水都得不到。

生活中有着形形色色的诱惑，人的一生要遇到很多事情，你所求的越多，往往失去的越多。有的人认为拥有了权力和名誉就算是拥有完美的生活了。殊不知事情并非如此，身在高处的人往往更会面对高处不胜寒的境遇。事实上永远都会有人比你的职位更高，权力更大，即便你再努力追求，但是力量总是有限，你总是无法到达你想要的境界。而此时，你的欲望已经达到无法填满的地步。一招不慎，你从高处摔下来，到头来又能得到什么拥有什么呢？

人生本来没必要有太多的金钱和职位，钱不过是身外之物，生不带来死不带走，房子再豪华，一个人睡觉也不过占一张床的地方。何必那么贪心呢？幸福与不幸福之间其实并没有严格的界限，幸福也不过是一种感觉，与物质名利关系没有那么密切。只要能够快乐地活着，这本身就是很大的幸运。活着就会有希望，就会创造出属于自己的幸福。

贪婪是人类共有的弱点，如果你能够克服自己身上的这个弱点，那么你就会得到上帝的赏赐，获得更多自己想都没想过的东西。每个人的人生都是不一样的，如果想让你的人生中总是能够实现自己的快乐，那么你就要摆脱贪婪的内心，让自己学会寻找那"只取一瓢"的快乐和享受。

成功的人都一样，失败的人各有各的不同。在成功的时候你或许不会想到自己会失败，但是在失败的时候你可能会想到自己要成功。同样地，当你看到很多诱惑摆在自己面前的时候，你或许希望自己能够都拥有，但是这个时候你要懂得放弃，或许放弃了才能够得到，如果你不懂得放弃，那么最终你又怎么可能得到呢？

7　在寂寞中绽放独特魅力

"已是悬崖百丈冰，犹有花枝俏。"赞美的是在三九寒冬中寂寞绽放的梅花。梅花被誉为四君子之一，代表了君子在艰难的环境中独自绽放的坚韧性格。在当下，尤其缺少这种耐得住寂寞的精神。

不要让自己寂寞太久，如果你长时间的寂寞，或许你会失去和外界合作的能力，所以说在适当的时候让自己的寂寞绽放出更加诱人的花朵。如果你的寂寞真的能够帮助你实现自己的价值，那么，最终你会发现自己的成功，也将不是一件难事。

寂寞的时候你需要的是冷静，不要因为暂时的寂寞而让自己变得焦虑不安，要知道这个时候的寂寞是最有价值的，如果你能够正确地认识自己的内心世界，那么最终你就会发现自己的成功其实并不是一件难事，因为在你的内心世界中，你拥有的将会是很多，但是想要拥有更多的成功，就要学会在寂寞中绽放出独特的花朵。

饶宗颐教授在几十年的教学生涯中，在教书育人的同时孜孜不倦地进行学术研究，达到了常人难以企及的境界，因而被学界赞誉为"国际瞩目的汉学泰斗，整个亚洲文化的骄傲"。他学富五车，著作等身，门生无数，德高望重，也是与钱穆、钱钟书、季羡林等齐名的一代国学大师。所以说，饶宗颐是文学界里一株寂寞中傲雪盛开的寒梅。

从另一个角度来说，寂寞是一个人通往心灵的唯一途径，也是一个自我了解的唯一方法。李白有诗云："古来圣贤皆寂寞。"亚里士多德曾经说过：所有在哲学、艺术、政治上有杰出成就的伟人，无不具有孤独而忧郁的气质。可谓英雄所见略同，各位名人对于寂寞的作用的看法是一致的。

尤其在中国古代的文坛上，一群寂寞中绽放的精英们，点缀着漫长的文学史。在这些文人墨客中间会有很多狂士，他们无不是傲雪盛开的寒梅。在他们身上，我们看到了"达则兼济天下，穷则独善其身"的人生哲学。更多的时候，是因为他们不能"兼济天下"，所以只能"独善其身"，因而，这种孤寂又是被动的，算得上是一种明哲保身。

屈原的一生都是孤独的，他的孤独，是命运赐予的，可以说他无从选择，更没有主动的选择。正因"世溷浊而莫吾知兮"，所以只能"吾方高弛而不顾"。正因"燕雀乌鹊，巢堂坛兮"，所以只能"鸾鸟凤凰，日以远兮"。我们的大诗人，并非心甘情愿地独善其身，他一心所想的是报楚国，清君侧。虽"阽余生而危死兮，览余初其犹未悔"，然而正是这种孤寂，造就了我们这位伟大的爱国诗人。正是因为这个孤独，才会有《离骚》的诞生。试想，要不是屈原悲剧的孤寂，我们何以阅读到如此前无古人后无来者的绝美诗文。我们甚至可以残忍地说，没有这旷世的孤寂，中国的文学史将是暗淡无光的。屈原在他旷世的孤独中，向后人展示了他的独特魅力。

当历史的车轮滚滚驶入东汉末，那时候群雄割据，战乱连连，整个社会陷入了"礼崩乐坏"。有识之士，没有用武之地。阮籍少年时胸怀"济世志"，而在当时的境况下，学会了明哲保身。后人在《世说新语》中说他"未尝评论时事，臧否人物"。经常独自驾车出行，行到无路可走时，大哭而返。这就是所谓的"阮籍猖狂，岂效穷途之哭"。或箕坐啸咏，旁若无人。其实，他做着常人无法理解的事情，正说明了他内心强烈的孤独与痛苦。正如贝母最终将一粒沙子凝聚成珍珠一样，阮籍把他绝世的孤独凝成了《永怀》诗八十余篇。诗歌记录下了一位身处乱世不被理解与重用的孤独者的心路历程。比如：夜中不能寐，起坐弹鸣琴。徘徊将何见，忧思独伤心。又如：独坐空堂上，谁可怀同欢。出门临永路，不见车马行。登高望九州，悠悠分旷野。无不向世人展示了诗人孤苦的心境。

这也是一种众人皆醉我独醒的孤寂，他们是乱世中文坛上独自绽放的梅花。他们向世上后来人展示了寂寞之美，那缕缕暗香亘古不熄。在历史中，分分合合的格局无疑会造成很多人的寂寞和孤独，这种孤独是旷世的，这种寂寞也是一种美，通过这种美你能够得到的将会是很多。

不管是历史上，还是在当今社会中，很多时候成功的人都需要寂寞来陪伴。就像一朵寒梅，只有忍受了冬天的寂寞，才能换来与众不同的傲骨。如果寒梅学习夏天的花花草草，那么最终会被埋没在花海，无人问津。所以说在一个人的人生境界中，寂寞往往能够让一个人获得更多的进步，而这种进步往往能够让你实现自己的成功。

寒梅独自开，是何等的意境？如果你拥有了寒梅一样的精神，那么你也就能够得到别人的尊重和欣赏，不管是在工作中还是在家庭生活中，保持这种精神往往是有好处的，如果当你在朋友面前拥有寒梅一样的意境，那么最终你会成就出不一样的自我。让自己变得更加的具有魅力，从而绽放出不一样的人生色彩。

寂寞的时光本身就是一种沉淀，通过自己的寂寞，你会将自己沉淀成什么样呢？要知道你的人生中，自我沉淀就是一种修养，而这种修养往往能够绽放出美丽的花朵，每个人的人生都是不一样的，但是不管你拥有怎么样的人生，获得的总归是一种美好，而这种美好需要寂寞来做基地。你不要在意现在的寂寞是多么的痛苦，不要因为眼前的寂寞而让自己失去了奋斗的理智，所以说沉淀自己，利用寂寞，让自己的寂寞开花结果。

8　寂寞为盾，笑对诱惑

人生犹如一次长途旅行，如果步履太过匆忙了，就会错过沿途许多美丽的风景。所以，在人生之旅中，我们要学会停下脚步，享受寂寞，方能体会真正的幸福快乐。当你微笑地对待眼前的诱惑的时候，你会发现诱惑已经胆怯，你的气场足以吓跑诱惑的害虫，让自己变得更加的健壮。

寂寞的人生不一定是悲剧，要知道在很多时候，你的寂寞往往能够化作一个坚硬的盾牌，保护着你。如果将寂寞比作一道门，那么在寂寞的门外会有各种喧闹的诱惑，而你会在屋内寂寞的修养自我。如果你能够利用好寂寞的盾牌，那么最终你得到的将不是诱惑，而是成功。

微笑的力量是不可小视的，在诱惑面前，如果你懂得乐观地去处理，那么诱惑就会离你而去，它会被你的乐观或者说你的微笑吓跑，最终，你会发现保护你的还有你所处的寂寞，在寂寞的环境中，可以说你是安全的，因为寂寞往往会化作坚硬的盾牌，帮助你抵挡外界的诱惑，让你得到属于自己的那份清静和安宁。

现实生活中，人的权力越大，面对的诱惑越大。大权在握，难免有一些趋炎附势溜须拍马的人，一来二去，从小到大。其实，贪官一开始也不是贪官，往往也是一个廉洁的官员，其实从廉洁到贪污也是一步步走出来的。所以说，在欲望与诱惑面前，防微杜渐是非常必要的。对于当权在位者，更需一颗淡定的心，一个甘于寂寞的灵魂，只有这样，才能真正为民造福，才能把官长远地当下去，踏踏实实做人民的公仆。

人生犹如一次旅行，在漫长的旅程中，我们唯有学会拒绝诱惑，才能到达成功的彼岸。人生的路途中，我们需要的不仅仅是喧闹的外界，更多的时候我们需要内心的寂寞，寂寞往往能够帮助我们认清自我，看到自己漫漫人生路中的参照物，让自己找到属于自己的目标。

人生不会那么轻易地让你成功，在通往成功的路上，你会看到很多的诱惑，如果这个时候你选择了寂寞，那么很可能你的寂寞会帮助你抵挡外界的诱惑，让你转危为安，同样地，如果你总是羡慕外界诱惑的美好，不想让自己得到暂时的平静，那么你最终失去的也将是属于自己的成功。每个人都希望自己能够成功，但是摆脱诱惑是重中之重，在你学会了享受寂寞的时候，你才能够让自己获得暂时的平静，笑对外界的诱惑。

君不见陶渊明不为五斗米折腰，从而辞官隐居，在一个宁静的村庄安于寂寞。正因为如此，才培养出了他"采菊东篱下，悠然见南山"的独立人格。君不见爱莲者周敦颐，拒绝官场腐败，才有了"出淤泥而不染"的洁身自好，写下脍炙人口的《爱莲说》，影响了一代又一代人。君不见王冕淡泊名利，留下了"不要人夸好颜色，只留清气满乾坤"的佳话。这些人，之所以成了后人的楷模而流芳千古，是因为他们都学会了拒绝名利与金钱的诱惑，他们的人生，因寂寞而辉煌。

笑着面对自己身边的诱惑，让自己的人生拥有独立的空间，不要因为暂时的困境，而放弃了自己的理想，更不要因为自己暂时的寂寞，而选择投靠外界的诱惑，要知道诱惑往往是一个个的陷阱，你会成为别人的猎物。

你的生活因为拥有寂寞而变得更加的精彩，这就是一条人生不可改变的哲理，你可以这样思考一下，如果在你的人生中，你不曾体味到寂寞，那么你又怎么知道成功之后的喜悦是什么滋味呢？所以说让寂寞化作盾牌，帮助你去抵挡外界的诱惑，再加上你的乐观，微笑面对眼前的诱惑，那么最终你将会实现自己的成功。

乐观对一个人来讲有多么的重要，或许你不曾想过这个问题。如果你发现一个人总能够乐观地对待自己的生活，那么在他的周围，机会往往是很多的。如果你发现一个人能够笑着面对外界的诱惑，那么你会发现诱惑将变成一条可怜虫，缩着身子钻回泥土中。如果你能够让寂寞保护着你的内心，运用寂寞的力量，那么最终的结果一定是你想要的。

追梦篇

——寂寞追梦，梦不寂寞

第五章

扛住孤寂，执着梦想

在竞赛的跑道上，冠军撞线之前，没有人知道谁是赢家，人们都在屏息凝视地观看这场比赛，这时候场内是最为寂静的，为冠军而拼搏的选手们则是寂寞的。一旦跑到终点，则掌声四起，全场哗然。所谓真正的冠军，永远跑在寂寞之中。如果你想在人生的跑道上摘得桂冠，则一样需要跑在寂寞之中。这份寂寞，也许是几秒钟，几分钟，几个小时，几天，几个月，甚至几年，几十年……漫长的寂寞，是成功的铺垫。你愿意为最后的成功甘受寂寞吗？这也许决定了你能否成为最后的赢家。

每个人都会有每个人的梦想，在你追寻自己的梦想的时候，难免会遇到很多的挫折，如果这个时候，你不懂得去扛住寂寞，那么很可能你会跳入诱惑的陷阱。要知道冠军永远跑在掌声之前，寂寞和梦想是相辅相成的，要想实现自己的成功就离不开你的奋斗和辛勤的劳动，所以说要坚持下去，只有这样你的梦想才会成真。

1　冠军永远跑在掌声之前

于丹在讲《庄子心得》时，曾经说过一句话："冠军永远跑在掌声之前。"不错，作为赢家，作为冠军，在他成功之前没有人知道他会成功。与其说他跑在竞赛的跑道上，不如说他跑在我们无法体会的无边寂寞里。

一场比赛，不管是百米短跑还是马拉松长跑，冠军跑到终点之前，观众席上是没有掌声的。只有冠军冲过了线，才会赢得掌声。而后面更多的掌声是为后进者加油的，是因为他们落伍了，在鼓励他们。所以落后的人听到的掌声比冠军要多，其实冠军是在寂寞中第一个冲到终点的人，而这种寂寞最终会打开掌声的辉煌。所以这句话也很耐人寻味，叫作冠军永远跑在掌声之前。其实这句话对我们每一个人来说都是一种启发，就是古人的散淡、古人的恬静、古人的辞让在于什么呢？在于他们留一份寂寞给生命，让生命可以更加开阔。

李安 26 岁时，决定去美国电影学院学习，但是父亲坚决反对这件事并对他说：纽约百老汇每年有几万人去争几个角色，电影这条路根本行不通。他丝毫未动摇，义无反顾地漂洋过海去了美国。离开时，他只是一个羞涩、腼腆的青年，而如今呢？

作为一个男人，在毕业后的整整六年时间里，他不但没有工作，反而待在家里做饭带小孩。为此，他的岳父岳母非常生气，于是委婉地对自己的女儿说："整天无所事事，我们不如资助你丈夫一笔钱，让他开个餐馆。"他自知如果一直这样拖下去，最终将一事无成，但也不愿拿别人的钱来开展自己的事业。于是，他决定去社区大学上计算机课，争取找一份安稳的工作。他怕妻子知道这件事，一个人悄悄地去社区大学报名。一天下午，他的妻子在收拾衣物时，无意间发现了他的计算机课程表。她并不高兴，反而顺手把这个课程表撕掉了，并对他说："你一定要坚持你的理想。"

有这样一位明事理的妻子，李安感到十分高兴，因此他放弃了学习计算机。

六年后，当李安带着自己第一部独立执导的电影——《推手》闯进人们的视野时，人们看到的不是初出茅庐的青涩，而是《推手》中稳健而独立的关于中西文化碰撞的观点。这就是获得奥斯卡最佳导演奖的华人——李安。

每个人的生命都是有限的，但如果耐得住寂寞，生命的精彩却是无限的。谁都想成为下一个李安，但是又能有几个人耐得住六年的寂寞，最终走向成功。要知道，六年的寂寞足以削平一个人的斗志，即便我们有李安一样的才华，又有几个人有足够的耐性，能够一直等到成功。有这么一句话："我什么都能抵制，除了诱惑。"一直以来，坚持的头号大敌就是诱惑，很多人就是禁不起诱惑、耐不住寂寞，而最终走向失败的。因为耐不住寂寞和诱惑，常常令我们丧失了斗志，偏离了方向，始终登不上成功之船。因此，一个人想成功，一定要经过一段艰苦的过程。任何一个想在春花秋月中轻松获得成功的人，都是痴人说梦。这寂寞的过程正是你积蓄力量，在开花前奋力汲取营养的过程。如果你不甘于寂寞，成功永远不会降临在你身上。

我们在生活中经常会听到这句话"冠军永远跑在掌声之前"。跑在掌声之前，也就是跑在寂寞中，让自己感知寂寞的存在。当然，这才是冠军的意义，只有我们真正地理解了这句话的含义，才能明白成功的真正含义和内涵。生活中，很多人被功名利禄迷失方向，常常忘了人生真正的意义；而那些能够淡泊名利的人，却能在淡泊中参透人生的玄机，悟出人生哲理。庄子就是这样的例子。楚国请他回朝做官他不肯去，宁愿守着心田，静静地"独与天地精神往来"。这就是人生的一种大境界。在守住寂寞的同时，也守住了自己的内心，给自己的生命以更加开阔的天地，才最终成为有名的哲学家。

大自然的规律中，也是一样的，要想生存就要学会捕食，就要学会在复杂的环境中努力，这样才能够得到自己的猎物，才可能生存下来。人生同样如此，要想获得成功，首先要耐得住寂寞，学会在寂寞中成长。

对于生活来说，成功者总是先学会努力地奔跑，再学会享受掌声。黎巴嫩诗人纪伯伦说："我们已经走得太远，以至于我们忘记了为什么而出发。"很多人都渴望辉煌，追逐熙熙攘攘的热闹，追求繁华背后的灿烂，结果在不断地追逐中迷失自我。

我们忘了自己的坚持，忘了自己的选择，却记住了忙忙碌碌，记住了为行走人间的疲于奔命。我们就像那个忘记画的人一样，忘记自己的初衷。每个人都不可能"跳出三界外，不在五行中"，在浮躁、功利、奢华、喧嚣面前，能够保持清醒和理智、平和与淡然是非常可贵的。这样的例子在生活中有许多。钱钟书先生不被虚名所诱惑，不当"焦点"，谢绝出镜，一门心思著书立说，人淡如菊，心静若水。如此为人为文，想在学界中不为人所称道也难。

要成就一番事业，实现人生追求，一定要有这种"八风吹不动，独坐紫金台"的冷静与执着、平淡与坚守。板凳要坐十年冷，话语不说半句空，远离诱惑，敬谢浮名，认真做事，清白做人。这不是消极处世，而是取不一样的姿态和别样情怀处世。学会从喧嚣中突围，在诱惑前自律，耐得寂寞，求真务实，独善其身，积极进取，我们应该提倡这种精神，更要保持这种清醒。

如果你想要做一个冠军，想摘取成功的桂冠，就要跑在掌声之前，跑在寂寞之中，做一个耐得住寂寞的默默耕耘者。不要怕付出自己的艰辛，更不要畏惧成功道路上的寂寞，要知道只有你享受了寂寞，你才能够让自己获得

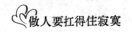

更多的成功，也只有你获得了成功，你才能够享有别人的掌声。

2 寂寞与梦想有约

　　世界举重冠军张平曾在《寂寞英雄》中唱道：是否明白那些举起的重量承载着多少人的希望和期盼，寂寞的英雄拼杀热血飞扬永不放弃的梦超越梦想……歌词从侧面反映了冠军们在追求梦想的过程中是寂寞的，但他们却永不放弃。

　　你现在为什么要寂寞地生活？或许你不曾问过自己这样的问题，但是要知道你之所以能够寂寞地生活，很大的原因是你拥有梦想，如果你不曾为自己设定梦想，那么最终也不会实现自己的成功，更加不会让自己拥有属于自己的梦想。

　　你拥有什么样的梦想呢？不管你拥有什么样的梦想，也不管你的梦想多么的高远，也不管你的梦想是多么的长久，你都要明白自己的梦想多半是离不开寂寞的。只有在寂寞中你才能够认清楚自己，才会拥有独立的思考空间，最终你才能够通过自己的奋斗实现自己的理想。所以说不要惧怕寂静的时候，风吹草动并不一定是好事。更不要惧怕失败的时候，要知道失败并不是一件坏事，要让自己的寂寞成就自己的梦想，让自己的失败为自己的成功奠定基础。

　　英雄注定是寂寞的，因为在他们走向成功的道路上，所有的一切都需要他们独自默默承担；英雄注定是寂寞的，更因为为了掌声响起的一刻，他们要付出比其他人多出几倍、几十倍甚至几百倍的努力。他们没有多少时间去接触世界的热闹，也没有多少时间享受天伦之乐，更没有多少时间去谈情说爱，他们有的只是在孤独的成功路上，一个人默默地承担，默默地努力。

成功者在还未取得成功之前之所以会寂寞，有以下四方面的原因。

第一，在原始积累阶段，那些成功人士要做的事情有很多，为此他们必须付出比其他人更多的努力，这样一来，自己可以自由支配的时间便会变得很少，所以，他无法不孤独。

第二，大多数成功人士或许有一些可以自由支配的时间，但是他们往往心高气傲，甚至宁愿独处也不愿意把时间浪费在与一些心无大志、没有前途的人交往之上，久而久之，身边的朋友也就不会很多。

第三，成功人士常有一种极大的优越感，即使他们还未成功，处境非常狼狈，也不愿意看轻自己，如果他觉得自己不是最好的，他绝不会轻易地进入一个集体成为别人的点缀品。

第四，许多成功人士深知成功需要通过不懈努力，深感成功之艰辛，因此在选择朋友时也会更加慎重，这时身边即使有一些所谓朋友，大都为名利所累，绝不会推心置腹，心灵更加孤独。

你是不是一个成功的人？在很大程度上都要看你能否经受得起寂寞的考验，如果你能够感受到寂寞的价值，那么最终你会发现自己的成功离不开你的寂寞。寂寞与梦想同行，看你能否忍受这种寂寞的痛苦，如果你能够忍受这种痛苦，那么就有资格享受成功的喜悦。

你是否感受到自己具有一定的能力，一个人要想实现自己的梦想，要具备很多的条件，不管是外界的条件还是内在的条件，如果你能够认识到这一点，那么寂寞也就是一种成功要具备的条件，每个人的生活都需要梦想和寂寞，这两者也算是一对孪生兄弟。

你是否感受到寂寞呢？寂寞在很多时候是充满力量的，如果你能够让自己的人生变得比较充实，那么你会发现即使在寂寞的时候，你也能够得到更大的发展。每个人都希望自己得到成功，但是要知道你的寂寞和成功是挂钩的。所以说不要惧怕寂寞，最终你会实现自己的梦想的。

3 梦想，需要辛勤寂寞地劳作

人人都有梦想，但不是每个人的梦想都可以实现。其间的区别就在于，你能不能将心中的梦想，落实到每天的努力中。梦想，是需要辛勤而寂寞地劳作的。

梦想，你拥有什么样的梦想，就要付出怎么样的努力，如果你舍不得付出自己的辛勤，那么最终你也无法实现自己的成功。寂寞地劳作最终的结果就是让自己获得成功，但是你不懂得付出，那么如何能够实现自己的梦想呢？

如果你不想让自己的梦想成为一场梦，那么你就要学会去"做"，任何事物的成功都不是靠想出来的，而是靠做出来的。所以说要从细微处着手，从实际出发，让自己找准自己的目标，给自己一个准确的定位，最终你是会实现自己的成功的，如果你不懂得让自己掌握更多的方法，不懂得让自己拥有更多的应用技巧，那么最终你是无法实现自己的成功的。每个人的人生都是不一样的，但是不管你拥有什么样的人生，都需要通过自己付出辛勤的汗水，只有这样，你才能够实现自己的成功。

说起王永庆，无人不知。或许在许多人看来，他就是一个"神"。他出身贫寒，身材瘦小，学历不高，却通过自己的勤勉、智慧，开创了一个拥有一兆四千亿（台币）的庞大的商业帝国，可谓富可敌国。

从不名一文的农家子弟到首屈一指的亿万富豪，从不识"塑料"二字的"门外汉"到赫赫有名的塑料博士、"世界塑胶大王"。他之所以能够取得成功，关键在于他那"筚路蓝缕，以启山林"的奋斗精神。

终其一生，王永庆都在勤勉工作，他每周的工作时间长达100小时以上。除了参与企业的管理与决策之外，只要一有时间，他几乎都在伏案写书。也正因此，他写出了许多著作。每天清晨三点钟，他就早早地起床，做完"毛巾操"再梳洗一番，就开始写书。当然，他这样做，只是将平日的点点滴滴及感想、经验写下来，而不是为自己立传。

所有的成功绝非偶然，当事人都曾没日没夜地辛勤耕耘过。所以，对于成功者来说，所有的成果与荣耀都是理应得到的回报，而不是命运的恩赐，更不是幸运女神的垂青。梦想是需要辛勤耕耘的，如果你能够耕耘自己的人生，那么成功就不会太远。

从古到今，诱惑"引无数英雄竞折腰"。在现实生活中，无论是成功人士还是失败者，他们身上都反映着同样的道理：克制欲望、抵抗诱惑是一件多么困难的事。想一想不时出现在电视镜头中的那些落马的腐败官员，曾经何等显赫风光，接受审查时又是如何满脸失落沮丧。一位作家说："其实人与人都很相似的，不同就那么一点点。"这一点点，从某种意义上来说，就是一种自我克制的能力。正是由于对自我的欲念的调控，才显现出人性的高贵与光辉。

每个人接触的人与事不同，所要达成的目标也是多种多样的。作为一个普通人，我们不可能像高官那样时常面对金钱、权力与美色，但在我们的生活中也经常存在着各种各样或大或小的诱惑。比如，你明明知道吸烟有害身体，但却因为吸烟的快感放纵自己继续吸烟；明明知道不努力学习今后就会难成大事，但却难以放弃现在轻松自在的生活而投入紧张的学习中。

寂寞的人生需要耕耘，你的梦想也需要耕耘，如果你能够耕耘自己的梦想，那么最终你是可以实现自己的成功的，每个人都希望自己能够成功，而最直接的方式，就是能够付出自己的汗水，当你在流汗的时候，你才能够意识到自己努力的开心和价值，如果你不懂得这一点，那么，最终也是无法实现自己的成功的。

当你面对一粒芝麻与一颗西瓜时，一定能够很快地作出正确的抉择。但是，若某种诱惑能满足你当前的需要，但却会妨碍你达到更大的成功或长久的幸福时，那就请你屏神静气，站稳立场，耐得住寂寞。也只有这样，才能让你在人生道路上获得更大的收益。人生如此，企业、社会同样如此。

4　实现梦想需要过程，辉煌是从寂寞开始的

西谚有云："世界上最坚强的人，也是最寂寞的人。"每一位成功的人，他的身后都有一部奋斗史和一部辛酸史，有了奋斗史和辛酸史作铺垫，才能创造出一部成功史。他们所走的路不是平坦大道，每一步都充满着曲折和坎坷。所有的成功也好，辉煌也罢，都是在艰辛与寂寞中开始的。

人生就是一个过程，如果你追求的是结果，那么人生下来就意味着死亡，这样你怎么可能还有奋斗的目标呢？然而，要想实现自己的成功，就要经历实现成功的过程，在这个过程中，你或许感受到的是痛苦和艰辛，但是回忆起这个过程，你会发现成功的意义所在。所以说辉煌是从寂寞开始的，你要

学会享受这种寂寞。

美国前第一夫人希拉里·克林顿，被大家一致称为美国历史上最有实权的第一夫人、美国历史上学历最高的第一夫人、美国历史上第一位谋求公职的第一夫人。她是一位富有争议的政治人物。当第一夫人期间，她曾主持一系列改革，也曾参加2008年美国总统选举民主党总统候选人的角逐。当时，希拉里并不是首位参与美国总统大选的女性，但她被普遍认为是美国历史上首位确有可能当选的女性候选人。在奥巴马当选总统之后，提名她出任美国国务卿，她成为美国第三位女国务卿。就是这样一位杰出的政治人物，她也曾不断地对自己说，只有忍受孤独才能最终走向成功。

希拉里·克林顿将自己定位于"孤独的学者"，这里的"孤独"有两个意思。

首先我们应该知道人是一个独立的个体，只要是个体，那势必会感觉到孤独，也会有孤独的时候。大部分人会认为别人都不孤独，只有自己孤独，其实这是错误的思想，没有人能够摆脱孤独，但是要知道导致自己最终坠入空虚和失落的深渊中不能自拔的原因，往往是因为自己无法面对自己的孤独。相反，如果承认人类本来就是充满孤独的，那心灵就会获得安慰，自己就不会有孤独感，其实，孤独没什么不好，起码能够让你认清自己。换一种说法就是，每个人都明白孤独不是专属于自己的，别人也同样如此，也会有孤独感，那当孤独突然袭来时就不会倍感难耐了，也不会对学业和事业产生很大的影响。

其次，孤独一词还有一层意思是自我觉醒。为了避免坠入陷阱之中不能自拔，最好的办法就是时刻提醒自己、激励自己，为自己敲响警钟。在女性身上有一种特有的敏感，这使她们更容易感觉到孤独，于是她们就会采取逛街、聚会、闲聊等方式来减少孤独感。但与此同时，时间长了，逛街、聚会、闲聊等也常会让人上瘾，一上瘾就难以停下来，最重要的是，他们在做这些事情的时候，往往会浪费大把时间，这样一来，学习能力、思考水平、技术能力等方面就会下降，慢慢地就会被先进的时代所淘汰，成为一个落伍者，这种落后维持的时间长了便会让你最终成为失败者。

孤独并不是你想象的那么可怕，在人生中，孤独就是调味剂，可以调出更加适合你的味道，当然，如果你无法享受这个过程，你品尝到的只有辛辣，所以说要学会享受辛勤奋斗的过程，结果才会变得圆满，如果你只是一味地追求结果，那么，最终你得到的也就只是那么一点点的成功，根本不会有更加重要的意义。

曾有这样一则佛家故事，一位大师听众僧论辩风与幡的关系。有人说风动，有人认为是幡动，相持不下。这位大师却是这样说的："既不是风动，也不是幡动，是人们的心在动。"

这里所说的"心动"实际上就是不要"动心"，不管外界事物如何变化，如果你心动了，那么不变也就是在变，如果你没有动心，那么即便外界发生翻天覆地的变化，也与你无关。要知道在滚滚红尘、物欲横流中同样如此，能够有一份超然情怀，视若无物，不为所动，同样是世俗社会难能可贵的品格。综观古今，那些有作为的智者贤者，莫不耐得寂寞，安于平静，这也正如歌德所言，"真正有才能的人会摸索出自己的道路"。深谙个中深义的李白，不在长安市中酒家眠，他远离喧嚣，寄情山水，以诗为伴，以酒为侣。正是这种旷达与灵性，成就一位伟大的诗人。

一个人的时间和精力是有限的，他在追求成功的时候，就意味着必须放弃风花雪月、花前月下的浪漫，放弃闲适安逸的生活，放弃很多常人无法放弃的东西。每个成功者都是一路寂寞走来的。可以说，寂寞是成功的第一站，并始终伴随着追梦者。

寂寞的人生中需要梦想做支撑，当然实现自己的梦想是一个过程，你不要认为这个过程是一种不好的结局，要相信自己，只有付出努力，你才能够感知到这个过程，才能够感知到成功。在寂寞中奋斗，让自己的梦想开出美艳的花朵，享受这种幸福，你最终会成功。

5　嚼得菜根，百事可成

宋代汪信民曾说过："人常嚼得菜根，百事可成矣。"一代伟人毛泽东也曾说过："安贫者能成事，嚼得菜根百事可做。"由此可见，只有嚼得菜根，吃得苦中苦，才能成就一番事业。吃苦本身就是一种精神，如果一个人不懂得吃苦，那么最终也不会实现自己的快乐。

苦与甜是相对的，如果你能够体会到自己生活中的苦，那么当甜到来的时候你才能够让自己感受到人生的甜美，比如你天天在喝蜂蜜，那么你怎么会感受到甜的滋味呢？也就是说，一个人只有经历痛苦，才知道成功来之不易，需要珍惜，才会明白世界上没有轻易能做成的事情，才能够无论做什么事情都变得认真起来。

如果你在生活中，能够克服生活中的困难，那么最终你是会实现自己的成功的。我们都知道没有人希望自己的生活变得困苦不堪，没有人愿意让自己生活在困境中，但是要知道困难在很多时候就在你的身边，你不想遭遇困难也不行，所以说，困难是不可避免的，只要你能够经历困难，克服困难，那么最终你就是一个成功者，就能够实现自己的人生价值。

玛格丽特·撒切尔是一位杰出的女政治家，在人类历史上，很难找到能与她相提并论的女政治家。然而，很少人知道世人眼中的铁娘子是怎样炼成的。

1925 年 10 月 13 日，玛格丽特·撒切尔降生在离伦敦 160 余千米的格兰萨姆市的一个杂货商的家庭。她的父亲费雷德·罗伯茨出身贫困，以经营杂货铺小店维持生计。当时，她家不算穷，但是家庭条件较差，没有花园，没有室内厕所，楼上也没有热水。一直到二战结束，她父亲才买上第一辆汽车——他人用过的福特牌汽车。后来，经过不懈努力，她父亲终于跻身于仕宦之列，在这期间他曾担任过议员、市长、法官等职位。就是这样一位不断努力的父亲，让撒切尔从小就明白并坚信："游手好闲是罪恶，自给自足是乐事，只要不断努力就会得到回报。"她的父亲自小就没有受过正规教育，为了使女儿能受到良好教育，他不惜花重金把玛格丽特送进当地最好的学校。

在父亲的影响下，玛格丽特从小聪明伶俐。在学校，她学习刻苦，成绩优异，每年考试她都名列前茅。有一次诗歌朗诵比赛中，年仅 9 岁的玛格丽特得了第一名。父亲对女儿寄予厚望，在教育女儿时要求极为严格，他从来不能容忍女儿说"我不能"、"我认为我做不到"这样的话。他告诉女儿："如果遇到困难，我们就更有理由去做，去解决它！"玛格丽特时刻谨记父亲的这句话，并将它融入自己的血液与生命之中！

1949 年，玛格丽特已经 24 岁了，她作为保守党达特福区候选人参加竞选，虽然并没有成功，但她的毅力和顽强的精神给人们留下了深刻的印象。

40 年后，在一次记者招待会上，一位记者请她谈一谈取得胜利后的感想。可以这样说，毫无家庭背景的玛格丽特，之所以能从默默无闻上升到整个大不列颠帝国的主人，成为一个思想敏锐而意志坚强的政治家，关键在于她少女时期走过的这段漫长的、坚定百倍的道路。

一位出身卑微的小女孩，竟然一路走来成为英国第一位女首相，并连选连任，创造了英国政坛三届连任的奇迹。她思想敏锐、才华过人，作风果敢，意志顽强，被誉为英伦三岛"铁娘子"的称号，并感染了全世界。可以说，经过不断努力、不懈奋斗，她的成功当之无愧。

噩梦只是暂时的，风雨过之后必然迎来一个大好晴天。上帝对人们进行考验，并不是为了给人增加痛苦，而是要让人们在痛苦中更加顽强。在面对突如其来的打击时，有的人只会哭泣，或者放弃长期以来的理想和事业，而一旦噩梦醒来，那就后悔莫及了。

那么怎么样才能够让自己经受得住时间的考验，最终感受到成功的甘甜呢？

首先，要相信自己，即便现在的你处在困境中，那么这个时候你也要自信，要想使自己更加充满力量，那么你就要告诉自己"我能行"，"一切都在我的掌控之中"。所以说不管现在的你是成功还是失败，自信是第一步的，也是最重要的一步，如果你在困境中，变得不够自信，甚至变得自卑，那么最终你又如何能够成功呢？你去哪儿寻找摆脱失败的力量呢？

其次，经受得住时间的考验，时间是最好的良药，会抚慰一个失败者的心灵，但是同样地，时间也是一种折磨，在很多时候，你经历的时间在很多时候会让你变得不够坚强，你可能会因为时间太长，开始怀疑自己的目标是否正确，或者你可能会因为时间的原因，而怀疑自己的办事能力，所以说这就是时间对你的考验，要想成功，就要经受得住时间的考验。

最后，有属于自己的人格魅力，每个人都应该具有属于自己的魅力，如果你没有自己的魅力，那么你就无法达到吸引别人的目的，如果你能够吸引别人，那么最终你会发现自己的成功其实就是因为自己的人格魅力，所以说树立自己的目标，通过自己的人格魅力来吸引别人、吸引机会，最终让自己变得更加成功。

任何成功都不是一朝一夕的，也不是平白无故的，它们都是经历多少个日日夜夜的艰辛准备从而在条件成熟的时候一朝展露在人们眼前的。如果你想成功，不如先吃吃苦，先磨炼一下，为成功做好最基本的准备吧。

每个人都有每个人寂寞的时候，每个人的人生都不可能一直生活在蜜罐中，所以只有经历了痛苦，才能够明白现在的安逸的来之不易，才会懂得珍惜，珍惜眼前的幸福，让自己身边的人变得更加的幸福，所以说不管在什么时候都要让自己成为一个能够经受痛苦的人，用自己的坚强来获得自己的成功。

6　理想不是梦出来的，是"熬"出来的

很多人把理想称之为梦想，但是梦想的实现与梦毫无关系，它是我们一步步熬出来的。任何的成功都不是一帆风顺的，都是长年累月的努力换来的。很多人都读过《明朝那些事儿》，你知道它的作者石悦的故事吗？

煎熬对每个人来讲，都是不想经历的一种状态，不管是时间的煎熬还是事情的煎熬，都是需要你去克服和忍耐的，在生活中，理想并不是梦，是需要去奋斗和努力的，不管是做什么事情，如果你想要实现自己的成功，那么就必须"熬"出来。

"熬"需要的不仅仅是时间，更多的是那种不怕痛苦和辛苦的精神和毅力。如果你能够在漫漫的人生中找到属于自己的快乐，那么最终就能够实现自己的成功，不管是在什么时候，如果你不懂得去寻找属于自己的快乐，那么你的梦想就只是一场梦，所以说要享受"熬"的时光，这才是幸福的开始。

石悦 28 岁以前，在广东某地是一名并不起眼的小公务员。当他出名后，

被借调到北京海关总署下属杂志《金钥匙》任编辑。正是因为他撰写了历史小说《明朝那些事儿》，才使他迅速成名。

石悦出生在一个普通家庭，性格比较内向。从小学到大学，学习成绩一般，无特长。在大家看来，他只是一个资质平庸、将来不可能取得什么成绩的男孩。但是，石悦有一个爱好，就是非常喜欢研究历史。当他步入大学时，身边的同学正忙着谈情说爱、玩各种网络游戏，而石悦仍然将自己的课余时间全部用在读史书上。只要一有空，他就一个人来到图书馆，如饥似渴地阅读着一本又一本厚厚的史书。

大学毕业后，石悦通过了公务员考试，成为一名公务员。工作时，他从来不像其他同事一样没事就聊聊天，看看八卦新闻，他依旧把精力放在研读史书上。在同事们看来，石悦性格孤僻，不愿意与人交朋友。在现实生活中，他烟酒不沾、不打牌不泡吧，根本就不像一个"80后"。下班后，他也不去参加各种休闲活动，而是将自己关在房间里，独自沉浸在那些刀光剑影、富贵浮云的历史往事中，与历史人物对话，有时灵感突来便会将一些有趣的历史故事记录下来。

日积月累，他终于撰写了一本历史小说——《明朝那些事儿》。这本小说在天涯论坛、新浪网站风起云涌，掀起一阵阵热潮，备受广大网民读者的关注，每月的阅读点击率高达百万。有一次，一位记者向石悦讨取成功经验时，他只说了一句带有调侃意味的话："比我有才华的人，没有我努力；比我努力的人，没有我有才华；既比我有才华，又比我努力的人，没有我能熬！"

有一句我们熟悉的歌词"不经历风雨怎么见彩虹，没有人能随随便便成功"。从古到今，每一位成功人士都是历经艰难坎坷，才能有他们伟大的成就。所以，我们可以这样说，成功是熬出来的，而不是梦出来的。

如果你是一个细心的人，你就会发现：大多数大人物都是当初一些不断努力的小人物。谁又能想到当年一个小公司里毫不起眼的一个男秘书和一个女秘书居然成为尽人皆知的大明星。在这个小小的公司里，男秘书和女秘书什么小事都干，如沏茶倒水、打扫卫生、整理文件。这种事情，本应该由保姆做，但他们俩却尽心尽力，不敢有半点马虎。而这个男秘书就是金城武，这个女秘书就是刘若英。当初，若金城武和刘若英这两个小人物不努力，认为待在这个没有前途的小公司做这些小事是浪费他们的才华、浪费他们的时间。那么，怎么会有今天这两个大明星呢？

没有等出来的辉煌，只有拼出来的美丽。在人生道路上，只有不断地拼搏，你努力过了，奋斗过了，才会得到上帝的垂青。最典型的例子要数新东方的创始人俞敏洪了。俞敏洪第一次参加高考时，连上专科学校的分数都不够。但苦读了两年之后，经过自身的不断努力，却考上北大。李宏彦，百度的创始人，当初创业时也遭受不少挫折，资金不足，没有工作室。他们都是经过不断地打拼和不断地熬，终于赢得了成功。所以，之前他们所吃的苦，是为了之后能够换取更大的成功。

生活是精彩的，但生活也是无情的。面对铺天盖地压过来的厄运，有的人选择了哭泣，有的人选择了怨声载道，有的人选择了逃避，但这都是没有用的，因为这解决不了任何问题。这时，最明智的做法就是：退后一步，仔细思考一下问题的实质，然后卷土重来，从哪里跌倒再从哪里站起来。正如最骁勇善战的将军，不是每战必胜的将军，而是在每一次失败的时候都能保存实力的将军。

从古到今，但凡有所成就的人，都曾经历过一番艰苦而寂寞的奋斗。奇虎360的掌门人周鸿祎就非常推崇阿甘精神，认为成功是熬出来的，只有像阿甘那样懂得坚持，明白熬的意义的人，才能一步一步地走下去，成为最终的赢家。

在生活中煎熬，其实就是一种锻炼，每个人的生活都是不一样的，所以说不管在什么时候都要经受住生活的考验，只有在生活中煎熬成功，你才会看到雨后彩虹，最终你才能够找到自己存在的价值，最终实现自己的成功。生活本身就是一个磨炼自己的过程，如果在这个过程中，你能够正确地对待自己身边的人和事，那么你会发现其实光明就在眼前，自己的美梦会成真。

寂寞的人很多，而你在某个时期也会是其中一个，理想不是幻想出来的，你的理想或许是很远大的，但是这个时候如果你不懂得"熬"出属于自己的理想，那么最终你会发现自己的理想其实就是自己的一场梦，所以说当你经历了煎熬的磨炼，才能够品味到梦想的甘甜。最终，也才能够让自己得到自己应该拥有的快乐。

7 追梦之路不平坦，成功之前很寂寞

人们经常把寂寞与孤独无助联系在一起，其实并非如此。寂寞是迎接成功到来的前夜，寂寞是铺就成功之路的基石，只因有了寂寞才会迎来成功，就像是度过了黑暗，才能迎来黎明一样。经寂寞洗涤的人如果不是被寂寞湮灭，而是不骄不躁地承受寂寞，迎来的必将是黎明的曙光。

一棵大树在生长的时候必然会遇到风吹雨打，如果它无法经受这些自然的磨炼，怎么可能成长为一棵参天大树呢？一个人也是一样，如果没有经历一些困难，怎么可能实现自己的梦想呢？你不要幻想自己的追梦之路上没有坎坷，没有一个成功的人，在寻梦的时候是一帆风顺的，只有经历了挫折，才能够创造出属于自己的奇迹，如果没有了自己的寂寞，最终又怎么可能实现自己的成功呢？

名人之所以能够取得成功，说明只要我们能够以一颗平常心待之，寂寞并不可怕，相反还可以变为成功的催化剂。只有真正地明白寂寞、懂得寂寞，学会运用寂寞，遇事不浮不躁，不气不馁，勇往直前，才能看到绚丽的彩虹，最终取得成功。

作家刘墉说过这样的话："年轻人要过一段'潜水艇'似的生活，先短暂隐形，找寻目标，积蓄能量，日后方能毫无所惧，成功地'浮出水面'。"而这里所讲的短暂隐形，无非就是在寂寞中让自己得到沉淀，在寂寞中寻找目标，然后沉淀出属于自己的能量，最终让自己实现自己的目标。当然，"成功的辉煌就隐藏于寂寞的背后，寂寞就是迎接成功到来的前夜"。如果，你想要拥有成功的辉煌，那么你就应该知道怎么样来度过属于自己的寂寞。成就一番大事业的人说："只有耐得住寂寞，潜心苦练，才能达到最后的目标。"也就是说，当你学会了忍耐寂寞，那么你才可能实现自己的最终目标。

只因有了寂寞才会成功，只因耐得住寂寞才能拥有卓越的学识，这是所有成功人士遵循的原则，寂寞以踏实厚重的姿态和科学严谨的表现为具体特征，让有志者全力追求人生目标。

就像彩虹总出现在风雨后，只要能忍受得住寂寞，我们便可以迎来成功。大人物功成名就是这样，小人物的成功同样如此。

其实，只要我们静下心来，就能发现有时寂寞并不是一件坏事。只有在寂寞时才能看到平时所看不到的，想到平时所想不到的，收获平时所得不到的。要知道在寂寞的侵蚀下，我们往往会完全以自我意识为中心。如果有亲人或者朋友陪伴在身边，我们的意识往往会寄托在他们身上，一旦遇到挫折就想从他们那里得到安慰，寻求帮助，而不是想办法解决困难，这对自己的成长来说是一种无形的限制。在人的一生中充满各种机遇。只要你耐得住寂寞，不断充实、完善自己，当机遇来临时你就能取得成功。

无论是大学者、大演员、大导演，他们的成功都无一例外地经历一个等待、寂寞、积累的过程。在为梦想努力过程中可能会出现许多的困难和难以承受的寂寞，但必须选择坚持，因为寂寞促使成功，寂寞是迎接成功到来的前夜。

寂寞并没有你想象的那么可怕，如果你能够真正地享受到寂寞的好处，那么你会发现在人生的每个阶段都会有这么一段时间是需要寂寞来陪伴自己的，因为人生的每个阶段都需要你的思考，彻底平静地思考。要想做到彻底平静，那么就要让自己在寂寞的环境中独处，所以说如果你想要实现自己的梦想，那么就不应该惧怕寂寞。

如果你将寂寞当作是一种不幸的嚎叫，那么你听到的只是悲伤，感受到的只是消极。如果你将寂寞看作是激昂的进行曲，那么你会感知到自己内心存在的强大的力量，这种力量往往会让你得到自己想要得到的，往往会让你实现自己的成功。你有你的梦想，如果你不懂得去克服眼前的困难，那么最终你是无法实现自己的成功的。

8　就这样静静地靠近梦想

有一种咖啡名叫卡布奇诺，浓郁的咖啡再加上润滑奶泡，汲精敛露，有一种与众不同的口味。起初闻起来味道很香，第一口喝下去时，可以感觉到大量奶泡的香甜和酥软，第二口可以真正体味到咖啡豆原有的苦涩，最后当味道停留口中，你又会觉得多了一份香醇和隽永。这就好比追梦的滋味，听上去很美很诱人，品尝起来却有一股淡淡的苦味，浓浓的醇香。

我们无法拒绝梦想的诱惑，一如面对我们最爱的咖啡我们无法拒绝一样。然而，在通往梦想的路上，无数的艰辛与坎坷让我们品尝了梦想的苦涩，体味了成功的辛酸。朋友，如果你也有过同样的感觉，如果你还在路上，那么继续赶路吧，就这样静静地靠近我们的梦想，就像品尝咖啡一样。没有张扬的欢呼，没有鼓励的掌声，有的只是无法与人分享的无边的寂寞。

银屏上我们看到的是完美的场面，精湛的演技，可是有谁知道银屏背后，为了拍片成功，那些演员们经历怎样的苦痛，所以说你看到的仅仅是他们的精彩的演技，更应该看到他们付出的辛劳，如果能够看到他们的辛劳，那么你就会明白，成功需要的是什么。

你需要的是低调，不管在什么时候付出努力就好，没有必要让所有的人都为你见证什么。所以说不管在什么时候只要静静地为了自己的成功努力就好，如果这个时候你不懂得为了自己的成功而努力，那么最终你是无法实现自己的成功的。在生活中，你拥有的是什么呢？或许是梦想，或许是激情，所以说不管在什么时候，你都要明白这一点。只要自己默默地努力就好，没有必要让所有的人都知道。

要想让自己静静地靠近自己的梦想，那么最重要的就是要学会坚持，坚持在寂寞中奋斗，或许这是一场永久性的战争，但是即便是时间再长，也会有度过的时候，所以说如果在这个时候能够实现自己的梦想，那么最终你会发现自己的成功并不是那么难的事情，只要你坚持住自己的梦想，坚持住自己前进的步伐，这样你就不会失败，即便是失败了，你只要坚持到底，最终是会实现自己的成功的。

你是否记得自己曾经的梦想，如果你拥有了梦想，最重要的就是要让自己看到自己的进步，这种进步需要自己的努力。如果你足够努力，那么你就在慢慢地靠近自己的梦想。付出自己的努力，当你看到自己的汗水浸透了自己的衣服的时候，你的梦想也就在慢慢地浸透到你的人生中。

也许，一丁点的努力对于我们的梦想起不了决定作用，但是只要我们不断地努力，坚持不懈，终究有一天我们会慢慢靠近梦想。坚持自己的梦想，就是在坚持自我，跟随自己的意愿，最终你会发现自己的成功将不是一件难事。

静静地努力吧，不要高调地宣扬自己的努力，更不要自大地认为只有自己在为生活拼搏，每个人都在为自己的生活努力着、辛苦着、拼搏着。所以说你应该看到自己存在的价值，也应该能够感受到自己存在的快乐，你的人生需要自己去精心经营，付出自己的汗水，这个时候你会发现你自己正在静静地靠近自己的梦想。

你拥有了寂寞，寂寞就会对你唱歌。学会让自己保持平静的心态吧，这对你没有坏处，当你看到了自己内心所想，你就要知道自己应该为了自己的成功付出努力，而这种努力往往并不是一件简单的事情，所以说努力，静静地努力，最终你会看到自己的成功。

第六章

守着寂寞，自我强大

　　蝉的蜕变是漫长而寂寞的过程。蝉的蛹在地下度过它一生的头两三年，或许更长一段时间。在这段时间里，它吸食树木根部的液体。然后在某一天破土而出，凭着生存的本能找到一棵树爬上去，慢慢完成一个从蛹到蝉的蜕变。人的成功亦如此，我们都需要经历一个蜕变的过程，在寂寞中默默煎熬，吸取来自周围各种条件给予的营养，从而让自己变得强大，为成功的一刻做好充分的准备。

　　一个人的成长是寂寞中的蜕变，一个人的成功是寂寞中的磨砺，一个人的强大是寂寞中的坚持，所以说一个人要想成长，必然要经历寂寞。我们在寂寞中的强大，往往会让我们的人生开出不一样的花朵。在寂寞中静静地等待花开，最终，你会发现花香已经飘来。

1 成长，是寂寞中的蜕变

寂寞是什么，寂寞是你无法将自己内心里的东西与人分享的一种感觉。每个人成长的路上都伴随着寂寞，越是寂寞的人越容易成熟。从某种意义上，我们可以说：成长是寂寞中的蜕变。高天远地，苍穹寥廓，一棵独立于寒秋的树，一棵离群索居的树，远离了平庸的喧嚣，长久地沉默着，但寂寞与空旷却让它长出了诗质的果实。

人们每天的经历都会帮助一个人去成长，同时，你的寂寞也在慢慢地蜕变，当你在寂寞中慢慢地蜕变的时候，你会发现自己的成长竟然已经完成，所以说在寂寞中成长，你会看到云开雾散的结果。

人有时候真的很奇怪，一辈子在一起的两个人，彼此之间仍然可能没有共同语言，并因此而感到陌生。所以说缘分就是这样，在很多时候一个人的成长和缘分是一样的，反倒是在寂寞中才能够让自己成长得更快。

李白曾说过这样一句话："自古圣贤皆寂寞。"很多人成功了，是因为他们能够用一生的时间去忍受孤独、甘于寂寞，不求他人理解，他们创造了永恒。

著名诗人陶渊明，默默地守护在自己亲自栽培的菊花旁，只要一有心事便说给菊花听。他想与世隔绝，可他万万没有想到，最后在寂寞中成长却成为被世人所赞叹的热点话题。寂寞帮助一个人实现了自己的成长，同样地，一个人要想实现自己的成长，就要学会忍耐寂寞。

寂寞是苦涩的而又是美丽的，它让人生接近完美。如果你能够感知到自己的寂寞的美丽，那么最终你就能够实现自己的成功，如果你无法感知这一点，那么最终你只会觉得寂寞难耐。这就是寂寞的魅力，对有所作为的人，也许，他们这一生最大的幸运就是自己选择了寂寞。

成长，离不开寂寞。当你背上行囊，挥别亲人朋友，独自一个人踏上寻梦的征程时，你又向成熟迈进了一步。人生就是这样，在一次次离别，一次次独自奋斗中日渐成熟的，我们也是这样日渐长大的。没有离别，不离开父母的庇护，我们很难长大。没有寂寞，没有独自决断，没有一个人拼搏过，我们也不会真正成长。享受寂寞吧，因为我们正在寂寞中，悄然蜕变。

寂寞中的成长，是一种突飞猛进的前进，有多少人不懂得这一点，又有多少人不明白自己想要的是什么，如果你明白了自己想要的是什么，然后不畏惧寂寞，为了自己的目标付出自己的努力，那么最终你就能够实现自己的成功。

成长就是一个过程，每个人的成长过程都会充满着故事和精彩，同样地，每个人的成长都不会是一帆风顺的，更不会是一蹴而就的，所以说不管你经历了什么，学到了什么，都是为了自己能够更好地面对自己的明天。当然，成长的过程中离不开寂寞，寂寞的时候你才能够让自己感受到自己成长的快乐。学会在寂寞中成长，学会在寂寞中找到自己成长的快乐。

寂寞的人很多，但是真正在寂寞中得到成长的能有几个人，在生活中，我们成长着，同时，我们也在不断地努力着，当你努力地去实现自己的梦想的同时，最终会看到自己成长的快乐。一个人成长的快乐很多时候是来自寂寞的煎熬，如果没有生活中的煎熬，你是无法实现自己的成功的。

你是否在意过自己的人生，你是否在意过自己的梦想，如果你足够的在意自己的梦想，那么最终你得到的会是什么呢？在生活中，如果你能够感知到自己存在的价值，那么最终你就能够实现自己的梦想，每个人的人生都是不一样的，所以说不管在什么时候你的人生就要有你人生的目标。为了自己的目标你应该甘愿去忍受寂寞，然后在寂寞中得到自己的成长。

每个人的人生都需要自己去经营，就像是属于你自己的土地，只有自己去耕耘了才会有收获。如果你不懂得去耕耘自己的土地，那么最终你也无法实现自己的成功，人生在世，很多时候需要的是平静，这种平静就是一种寂寞，要实现自己的成长，就要学会利用好这种寂寞，让自己的成功变得顺理成章。

2　板凳要坐十年冷

"板凳要坐十年冷"出自南京大学教授韩儒林先生的一副对联："板凳要坐十年冷；文章不写半句空"。范文澜在华北大学甚至更早的时候，也提倡二冷——"坐冷板凳，吃冷猪头肉"。

无论是韩儒林先生的"板凳要坐十年冷"，还是范文澜先生的"坐冷板凳，吃冷猪头肉"讲的都是一样的道理。干事业和做学问一样，都要专心致志，不慕荣誉，不受诱惑，不去追求名利，能够忍受寂寞。而且，要做到不跟风，不随大流，坚定自己的信念，不怕受冷落。一个人要想成就自我，就要学会在寂寞中坚持，在寂寞中磨炼自我。

　　一个人的信念十分的重要，如果你不懂得坚持自己的信念，只是一味地跟随别人的思想，那么最终你将会一事无成，同样地，当你真正地实现了自己的理想，跟随着自己的意愿，那么最终你会发现自己的成功将不是一件难事，自己的成功也会变得十分的顺利，所以说不管在什么时候都要学会为了自己的梦想而奋斗。

　　28岁的刘备，只是一个卖草鞋的小贩。在当时，这是一份很卑微的工作。在他自己看来，一个皇家子孙从事这样一份下贱行业，还不如一个普通的草民。然而，为了生存，实现梦想，他仍然尽心尽力地干着这份卑微的工作。而也正是这个原因，这样的人才能在最后成为真正的英雄。

　　曹操在邀请刘备煮酒论英雄的时候，就曾言，这个世界上就是像您和我一样的，在位居高处的时候能心平气和，在人失落低谷的时候能像天上的龙一样，把自己隐藏在乌云密云之中，酝酿世机，等条件一旦成熟就腾云驾雾，翻江倒海。这就是刘备、曹操这样的大英雄所具备的素质与胸怀。

　　对于一个人来说，逆境最能磨炼一个人的心志。刘备不能这样一直卖草鞋，他在默默地等待着机会，寻找着机会。在等待中磨炼自己的意志。那么，被人们称为地摊行业的祖师爷刘备，在干这样一份卑微工作的过程中，学习到了什么，准备了什么？

　　第一，成大事者首要的条件是胸怀。一个没有胸怀的人难成伟业，只有胸怀宽广，眼光长远，他才能看到常人所看不到的。在饥寒交迫，备受压力的情况下，才能有一帮好兄弟，肯与他一起打江山，有气度，才有未来，兄弟们也知道跟着这样的人以后肯定吃不了亏，有发展前途。而这个胸怀就需要有一个正确价值观的引导，没有一个正确的价值观，领导者就会失去方向。

　　第二，成大事者必需的条件是等待。在逆境中，只有学会了等待，耐得住寂寞，才能找准时机。要知道，"板凳要坐十年冷"练的是内功。

多年前，俄亥俄州丛林中的一间小木屋里居住着一个贫穷的妇女和十八个月大的婴儿，这个婴儿健康、平安地长大了，母亲为此十分高兴。为了给母亲分忧，他很小的时候便学会了一些农活。他不仅帮助母亲干很多活，而且学习还特别用功，即使是借来的书他都要仔细阅读。

十六岁的他看上去已经像一个成年人了，能够一个人把一群骡子赶到城里去。于是，母亲给他找了一份工作——在一个学校擦洗地板和打铃，而他从中所得的报酬刚刚能够支付他的学习费用。

在第一个学期，他只花费了十七美元。到下一个学期开学时，他的口袋里只有六个便士。第二天，就连最后的六个便士也被他捐给了教堂。无奈之下，他又找到了一份新的工作，每晚以及周末，他要为木匠做一些杂活，如刨木板、清洗工具、管理灯火等，每周可以拿到一美元六美分的工资。在工作后的第一个星期六，他一口气刨好了五十一块木板，木匠看他如此勤奋，又给了他一美元两美分的奖金。

就这样，他不仅靠自己的能力支付了这一学期所有的学习费用，还剩下了三美元。没过多久，这个小伙子凭着自己的努力，以优异的成绩考入了威廉斯学院。两年后，他以同样优异的成绩拿到了毕业证书。

在他二十六岁那年，他成功地进入了州议会。他三十三岁那一年，已经成为年轻的国会议员。二十七年之后，他走进了白宫，成了美利坚合众国的总统，他就是众所周知的詹姆士·加菲尔德。

要想成为总统并非易事，毕竟总统只能有一个。但是我们可以相信，每一个总统所走过的人生道路都是曲折而有意义的。当总统的车队从面前浩浩荡荡地开过时，站在人群中的我们，有没有想过，如果你肯努力，也许有一天在中间那辆高级防弹轿车里坐的就是你呢？

没有人能随随便便成功，所以成功者无不是经历了长时间的准备，吃过苦，遭过罪，受过冷遇，挨过寂寞。庆幸的是，他们都挺了过来。每一个成

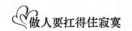

功者，都有着不一样的经历，这些经历形成了他们的人生阅历，同样地，这些人生阅历中最重要的一点就是都在为了自己的梦想努力着，不断地克服一个接一个的困难，直到自己实现了自己的成功为止。

你是否感受到了自己生活中的寂寞呢？或许你会说寂寞真的很难耐，因为没有人可以分享自己内心的痛苦，也没有人能够陪伴自己去欢笑，如果你真的这样想，那么你感受到的只是生活中的痛苦和无奈。如果在这个时候，你能够大胆地去对待自己，那么最终你就能够实现自己的成功，在每一个想要实现成功的人中，你要学会为了自己的梦想坚持下去。

在艰苦的生活环境中，要想实现自己的成功其实并不是一件简单的事情，但是也只有你能够坚持下来才能够得到自己的成功，每个人的内心世界都需要快乐，每个人的生命都需要成功，所以说忍耐现在的痛苦和困难，最终你会发现自己已经成功。

当你在等待自己成功到来的时候，内心一定会充满激动，同样地，如果你无法忍受自己人生中的失败和寂寞，那么你也无法享受到这份成功的激动。所以说不管在什么时候，都要学会让自己获得更多的进步，让自己实现自己的成功，每个人的人生都是不一样的，所以需要你用持久的努力换来属于自己的成功。

3 寂寞中静待花开

寂寞是一种幸福，是一种享受，更是一种绝美的心境。拥有了寂寞的人，才算得上完整，才能拥有真正的自我。灵感自寂寞中产生，思想在寂寞中闪烁，创造在寂寞中萌发。有了寂寞为伴，才会学习到书本中学不到的知识与感悟。在人海浮沉之余，我们要为自己留一段空白，留一段云淡风轻的寂寞。

对于寂寞，不同的人有不同的理解。有人将寂寞看成是一种感觉或情绪；有人将寂寞看作是一种个性的浓缩；也有人将它解释为一种孤独的悲哀。事实上，他们只是将寂寞的不同状态描述了出来，更加确切地说，寂寞是一种心境。

在生活中，那些真正品尝到寂寞的滋味，明白寂寞是一种心境的人，他们往往心境平和。而那些整日为世间的得失忙碌、沉湎于浮躁、陷入焦虑之中的人，很难体验到人生的寂寞。因为，只有内心平和而安静的人，才能明白寂寞是一种少有的心境。

寂寞是一种乐趣，这种乐趣与朋友之间的谈笑欢乐不同，也很难向人解释。有了这种乐趣，即使你孤单一人，也会自得其乐。独享寂寞，可以让我们的身心得到彻底的放松。

一位著名的推销大师，在体育馆做告别职业生涯的演说。

人们站在台下，急切地等待这位伟大推销员的精彩演讲。在演讲舞台的正中央，吊着一个大铁球。大师一上台就说："现在，我们请两位身体强壮的人到台上来。"不久，两个年轻人便跑到台上。大师对他们说："请你们拿起大铁锤，然后敲打那个吊着的铁球，直到把它荡起来。"其中一个人先拿起铁锤，用尽力气砸向那吊着的铁球。但发出一声巨大的响声后，吊球却纹丝不动。接着，他用大铁锤不断砸吊球，铁球还是一动不动。几次下来，他已经累得气喘吁吁。另一个人也不示弱，接过大铁锤继续砸吊球，只听见叮当响，却不见铁球动。

这时，大师从上衣口袋里掏出一个小锤，"咚"一声敲了一下，接着用小锤"咚"敲了一下。对此，人们非常奇怪，而大师却这样自顾自地敲下去。10分钟、20分钟过去了，会场早已开始骚动，有的人甚至开始骂起来。

对此，大师却不闻不问，仍然继续敲打着，大概快40分钟的时候，坐在前面的一个人突然大叫一声："球动了！"接下来，吊球随着大师的敲打越荡越高，它拉动着那个铁架子"哐哐"作响，在场的每一个人都被其巨大的威力震撼住了。

这时，大师的演讲开始了。他的告别演讲只是一句非常简短的话："在人生的道路上，如果你没有耐心去等待成功的到来，那么，你只好用一生的耐心去面对失败。"

在人的一生中，寂寞是不可或缺的，有了寂寞我们才能走得更远。当我们不再为生活中尔虞我诈的争斗而烦恼时，不再为日常生活的压抑而苦闷时，我们就能更好地调整情绪，让自己的心情在寂寞中拥有一份独特的享受。

将寂寞比作一杯冰水更加确切，它无半点杂质、污染，在凉爽与清冷之间放射出自己的纯洁，给人一种清净幽雅的感觉。沉浸于寂寞之中，不必为喧闹和杂乱而心烦，就不会因冲动而留下遗憾和后悔。在寂寞中我们得到了平和和冷静，让我们更好地思考，让我们更加成熟，锻炼我们的忍耐力。

在生活中，学会发现和领悟，学会品味和体验，我们就能懂得寂寞的快乐。可以说，寂寞是一块宝地，我们需要主动出击，不断挖掘，才能发现其中的宝藏。它不会平白地送到我们手中，而需要你我去争取、去发现。因为，我们只有懂得领悟寂寞，才能体味到人生的独特景致。

不同的人对寂寞的看法也不同，当然，如果你能多一份积极，少一份消极，便能在寂寞中学会创造，让寂寞增加一份快乐。每个人都不想虚度光阴，希望在生命中体会到创造精神。我们要试着在寂寞中找出新的发现，重新认识自己。这样，我们就能发现寂寞的美好，从而真正明白寂寞的含义。

在美国文学史上有一位以寂寞而成名的伟大作家，他就是梭罗。17世纪中期，梭罗为了过自己想过的生活，在一个森林里造了一个圆木小屋，便在那里居住了长达两年多。也就是在那里，他留下了传世经典《瓦尔登湖》。

在他的笔下，森林和瓦尔登湖不再寂寞，而是充满了美感。这种孤独和寂寞，让梭罗更明白人世的名利和纷争是多么的没有价值。长时间与寂寞为伴的梭罗体会到了一种难得的美，也让他有了更积极的思考。在梭罗看来，虽然寂寞与空虚看起来很相似，但它们之间并不能画等号。他通过自己的行动、自己的思考，在寂寞的洗涤下，成为那个时代特立独行的人，并被更多后世的人所理解。

在现实生活中，寂寞之人很难被人接受和理解，但这并不代表他的生活方式消极而落寞。寂寞中的人可以寻找到最初想要的本真。经历寂寞，他们可以感受到自己的坚强。当我们学会感受人生的悲喜与无奈，也就更能明白如何改变生活的态度。让自己的心灵小憩在寂寞小舟之中，就能享受寂寞。如果能够很好地把握寂寞，它不仅不会把一个人淹没，反而能够成为我们休息、调整的空间。在那里，我们可以找到不一样的感受，找到心灵的新起点，找回生命中最珍贵的东西。

等待是一种心境，这种心境能够磨炼你的意志，不管在什么时候，你都要认识到自己存在的价值，也只有当你认识到了这一点，你才能够面对自己的内心。每个人的生活都是不一样的，同样地，在不一样的人生中，你得到了什么，失去了什么。最重要的是你能够在寂寞中坚持下来，让自己成为一个成功者。

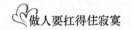

殊不知，每个人都可以享受寂寞的乐趣。只要我们通过后天的学习，就能从寂寞中收获更多。寂寞可以让一个脆弱的人，学会坚强，学会承担，也能让一个坚强的人变得更从容自信，与众不同。

4　落寞是追梦旅途中的驿站

人生在世，不可能事事顺心，追梦旅途中，失落寂寞在所难免。如果我们面对挫折时能够虚怀若谷，大智若愚，保持一种恬淡平和的心境，便是彻悟人生的大度。正如马克思所言："一种美好的心情，比十服良药更能解除生理上的疲惫和痛楚。"在人生的跑道上，不要因为眼前的蝇头小利而沾沾自喜，应该将自己的目光放长远，只有取得了最后的胜利才是最成功的人生。

仙人球是一种很普通的植物，它的生长速度很慢，即使三四年过去了，仍然只有苹果大小，甚至看上去给人一种未老先衰的感觉。人们总喜欢将它放在阳台上不起眼的角落里。没多久，它开始被人忘记。然而，有一天它能从阳台角落里突然就长成一支长喇叭状的花朵，花形优美高雅，色泽亮丽。这时，它的美才被人们发现。可以说，仙人球在经历了数年的默默无闻之后，才换来了一朝的绚烂绽放。

人们都说，古来圣贤皆寂寞。大多数情况下，可能我们的才能因为某种原因而未被领导及时地发现，像仙人球一样被安置到了一个小小的角落里。这时，我们就要学会忍受落寞、失落，抛开消极情绪，默默地积蓄力量，终有一天你会开出像仙人球一样令人惊叹的花。

我们想要有所成就则必须具备承受痛苦和挫折的能力。这是对人的磨炼，也是一个人成长必须经历的磨难。人人都希望自己的生活一帆风顺，成多败少。可是，生活总是不尽人意，常常报以失意和不满。当我们遭遇挫折时，往往会感到失落迷茫，没有安全感，甚至影响工作和生活。这时，我们应该做的是，理清头绪，再接再厉，锲而不舍。既然你的目标不变，而现阶段的努力又无法达到自己的愿景，不妨试着付出多倍的努力。以下是一位成功老总对员工说的话。

李明是一家广告公司的业务员。因为以前在报纸杂志上发表过一些诗文，所以一进公司老总就非常重视他。而李明也很努力，不停地打电话联系客户，学习与客户沟通、商谈的技巧，然后做方案……可是，尽管李明十分努力，却没有换来相应的回报，反而接连面对"煮熟的鸭子却飞了"的怪事。

有一天下班时，老总想要和李明谈谈，便和他一同吃饭。李明以为老板要批评他或者是炒他鱿鱼。到了饭店，点完菜后，老总对李明说："来，先干一杯。"放下杯子，老总接着说了一句："小李，其实我一直很欣赏你。"

李明听后，觉得有点不好意思，便热着脸说了几句客套话："您别这么说。您看，几个月下来，我也没出几张单。"老总笑着说："作为老板，这一点我也知道，今天晚上我就是想和你说说这件事情。"老总接着说，"你很敬业，做事很认真，这是优点，应该发扬，你没做成业务，也不是你不努力，而是……"

还没等老总说完，李明便急着等老总给他解惑："是什么原因？"

"你啊，其他方面都挺好，就是缺少耐心。"老总笑道，"你是不是联系好了客户，做好了方案，就急着找人家签合同，一个接一个给人家打电话，去找人家。"李明听后，连连点头。老总接着说道："这就是你为什么业绩上不去的原因，你太急，没有给客户留下思考、比较、权衡的时间，而且，你接二连三地催促，人家不但会烦，还会对你产生怀疑的心理。要是你能耐心地等待，也许离成功就不远了。"

老板说的话有道理：要想成功，就得学会等待！李明反思着自己的言行，觉得这正是自己的症结所在。于是，李明开始改变工作方式，联系好了客户之后，不再催促，而是静静地等待，果然没用多长时间便做成了几笔业务。一个月后，李明干起这份工作来更加得心应手起来。后来，李明辞去了广告公司的工作，辗转又做过多份工作，凭着"等待"这件法宝使他在事业上取得了很大的成功。

是的，任何成功成就都需要时间，都有一个过程。在成功之前，我们首先接触到可能是落寞。所以，在不懈努力的同时，还要学会等待，等待机会的到来，等待梦想的花开，果实的成熟、采摘。

人生之路漫长，难免会碰到不如意之事，如工作上的挫折、事业上的失败、别人的打击等。如何对待这些挫折，消除不利因素，尽快摆脱困境呢？这对一个人的成长进步，对事业的成功有很大影响，这也能体现一个人的胸怀是否开阔。一位智者，能够正确地看待失败，他会从失败中吸取教训、韬光养晦、积累经验，以求最后打败对手。因此，我们在面对失败与挫折时，应抱着不以物喜，不以己悲的心态，努力保持旷达的胸怀，只有这样才能收获到成功的硕果。

每一条河流都有属于自己的生命曲线，都会流淌出属于自己的生命轨迹。同样地，每一条河流都有自己的梦想，那就是奔向大海。我们的生命，有时就像泥沙，在不知不觉间像泥沙一样，沉淀下去，最终实现自己的积累。一旦你沉淀下去了，也许再也不需要努力前进了，但是你却失去了见到阳光的机会。所以，不管你现在处于什么状态，一定要有水的精神，不断积蓄力量，不断冲破障碍。若时机不到，可以逐步积累自己的厚度。当有一天你发现时机已经到来，你就能够奔腾入海，增加自己生命的价值。

在挫折压迫面前，弱者只有无谓的唉声叹气，希望以一抹眼泪求得别人的同情与施舍，希望别人能够给自己留一条活路。然而在优胜劣汰的生存环境中，能够立足于世界之林的都必须是强者。因为他们知道如何直面现实，正视挫折，暗中积蓄力量，"一旦红日起，依旧与天齐"。

5　玉不雕不成器，人不寂寞不成功

事实上，每个人都是一块璞玉，只要经过细心打磨，就会成为一块精美的玉石。当然，在打磨过程中，需要无数的磨炼和坚定的信念。玉石不经过打磨是不会成为一件精美的器皿的，人也是如此，如果经受不住寂寞的考验，也是不会实现自己的成功的。

成功的路上充满艰辛，每一个追求成功的人都不会一帆风顺。坎坷、无奈、寂寞、孤独常常伴随在他身边。在追求的过程中，当寂寞成为一种切身的感受、成为生活的状态时，成功看似遥遥无期，其实它已在悄悄到来。耐得住寂寞，就是在守候成功。

寂寞的时光其实就是一种内心的填充，在很多时候，寂寞的时候能够让你发现自己内心中存在的不足，找到自己存在的缺点，这样一来你才能够去改正，人在寂寞的时候才会感知到自己存在的价值，所以说要想实现自己的成功，就要经历寂寞中的努力，如果没有了寂寞，你还会拥有自己的空间吗？

寂寞有的时候就是一剂良药，对你的成功来讲是不可或缺的，如果你能够认识到这一点，那么你会在寂寞中得到新的体会，从而挖掘出适合自己成功的方式，最终实现自己的幸福和成功。

每个人都希望自己能够取得成功，也曾设想过成功。在现实生活中，有这样一个长相普通的女孩，她的梦想是站在舞台上唱歌，并希望自己能够梦想成真。然而，长相并没有妨碍她追求自己的梦想。

但是有一天，她的梦想受到了很大的打击。在一间制作室里，一名著名的音乐人给她泼了一盆冷水："你的嗓音和你的相貌一样，一点也不漂亮，依我看，你要想在歌坛中有所发展是很难的。"

女孩听了这话，并没有离开，而是一个人默默地留了下来。对于这样一个普通的女孩来说，梦想和成功似乎都很遥远，她现在唯一能做的是把握好现在。她做了许多别人不愿意干的杂活，如端茶，倒水，制作演出时间表等，当人们问她为什么这样做时，她只说了这样一句话："不为什么，因为这里离我的梦想最近。"

终于有一天，她成功了，微笑着站在了属于自己的舞台上，用她特有的嗓音感动了所有在场的人。

一直以来，成功与痛苦、寂寞都是相伴相生的。寂寞，是成长所必须经历的过程，同时也是必须承受的"痛"。有谁能保证，在他们年轻时，没有遭遇寂寞，痛恨寂寞，并想摆脱寂寞呢？是的，在未取得成功前，只有你一个人在踽踽前行，没有鲜花、掌声、赞美，有的只是嘲笑、打击、冷落。在成功到来之前，你需要一天天在冷清中度日而且还得继续前行。然而，有人将这份寂寞当成了一种储蓄，以积少成多的投入换取更丰盛的财富，积存在生命的仓库中。

曾有一个人，买了一支竹笛请一位善吹竹笛的长者鉴赏。老人仔细看过后，便将其放下，对他说："这支竹笛根本一点用也没有。"对此，这个人非常奇怪，便拿过来自己鉴赏了一番，并没有觉得有什么不妥的地方。

老人解释道：这支竹笛是用当年的竹子做成的，不耐吹。一般来说，用来制笛的竹子，往往要采用经年历冬的竹子，因为冬季气温骤降，竹子原先散漫的成长受到干扰，竹的质地在霜冻雪侵中变得更紧密结实。而当年生的竹子，没有越冬，虽然看起来长得不错，可是要用来制笛，音色较差而且质量也差，有时还会出现虫蛀现象。

这则小故事说明了这样一个道理：生活中的磕磕碰碰，也许会将你挫败，但是如果你能经得起磕碰，便会历练得更加坚强。可以这样说，风刀霜剑确实是一剂营养品。

宝剑经受住石头的磨砺，才能造就锐利的剑锋；凤凰耐得住烈火的煎熬，方能成就涅槃的重生。漫漫人生之路，唯有经受得住苦痛的打磨，方能实现人生的精彩。

当你决定离开家乡，必然会临别回眸，将故乡尽量都铭刻心中，装在自己的脑海中。当年，越王勾践也是在这样一种状态下，离别故乡，走上另一条人生道路，当然，这条路注定充满艰辛、坎坷。当人生将苦难降临在他身上，这个堂堂男子汉并没有因此被打倒。因为他深知这样一个道理：要想干出一番大事业，唯有经受住苦痛的磨砺，不畏艰险。若勾践因一时的挫折而裹足不前，又何来"苦心人，天不负，三千越甲可吞吴"的绝世传奇！

沙粒之所以能够蜕变为一颗颗珍贵的珍珠，是因为它们能够长居蚌壳之内，忍住无尽的黑暗、寂寞。其实人生也是如此。苦痛犹如一个巨大的染缸，我们只有耐得住蚀骨的痛苦，才能渲染出世间最瑰丽的色彩。

人的一生不可能事事如意，我们无法选择人生，俗话说得好，人生不如意十有八九，但我们却可以换一种心态去面对。只要耐得住一时的苦痛折磨，鼓起勇气，那么即使身陷绝境，也能通过自己的努力，看到别样的风景。

如果将生命比作一片苦海，那么我们便可以用勇气的桨跋涉到成功的彼岸；如果将生命比作一个蚕茧，那么我们便可以用坚强的翅膀划出蝶变的美丽。因此，只要你耐得痛苦，忍得寂寞，那么生活终会将你打造成一柄锋利的长剑，剑成破苍穹！当你在雕磨一块玉石的时候，它必定是疼痛的。当你在打造自己的时候，你也会感受到痛苦，如果你能够感知到自己的痛苦，那么最终你是可以实现自己的愿望的，也是可以实现自己的成功的，所以说不管在什么时候都要懂得认知自己，让自己变得更加的坚强。在寂寞中，让自己得到新的成长，即便这种成长需要付出很大的代价，但是要成功就要付出代价，这是不可改变的事实。

6 与其诅咒黑暗，不如点一盏灯

年轻时，我们往往激扬文字，挥斥方遒，心生抱怨，干劲大减，大好时光在满腹牢骚中度过。但是，仔细想一想，喋喋不休不仅改变不了现实，反而还会浪费大好时光。所以，我们不妨埋头苦干，为自己点一盏灯。

你还在像怨妇似的抱怨你的人生吗？你还在喋喋不休地诅咒社会中的黑暗吗？如果这样，那么最终你是无法实现自己的成功的，如果在你的生活中，你只懂得抱怨和诅咒，那么最终失败的将会是你自己，同样地，这个时候当你感知到身边黑暗的力量的时候，你还不如点亮一盏灯，照亮自己，也学着照亮别人。

社会中必然会有黑暗的一面，你可能不知道自己周围有多么的黑暗，如果你只是看到了黑暗，那么你也不会感受到光明的存在，每个人都希望自己的人生变得更加的丰富多彩，但是不管是什么样的人生，都离不开光明的照射，可想而知，如果一个人总是看到社会中的黑暗面，而无法感知到社会中的光明，那么这个人怎么会让自己的内心变得光明呢？所以说感知外界的黑暗，让自己的内心变得光明。社会既然有黑暗面就有光明的一面，不要总是偏激地认识外界，要学会正确地处理自己的内心。让自己拥有更多的成功。

清朝时期，有一位名叫彭端淑的文学家。他曾写过一篇《为学一首示子侄》，劝诫子侄辈不要只说不做，荒废学业。四川边境有两个和尚，一贫一富。某天，穷和尚对富和尚说："我想去南海，你觉得这个想法怎么样？"富和尚很不屑地回答说："南海路途遥远，你怎么去啊？"穷和尚回答："其实很简单，只要有一个喝水的瓶子和吃饭的饭钵就够了。"富和尚摇头说："我看你还是打消这个念头吧，这些年来我一直想租条船顺长江而下，现在也还没有实施计划。你还是不要瞎折腾了。"穷和尚听后，并没有说什么。他虽然身无分文，但他不怕路途艰辛，几年后从南海返回寺庙。他将此事和富和尚说了，富和尚感到十分惭愧。

从蜀之边境去南海路程长达几千里，但穷和尚却靠着吃饭喝水的家伙打了个来回，而富和尚却只知道因害怕道路艰险，只是不断抱怨，从不付诸行动，结果只能是望"南海"兴叹。

从条件上来说，富有的和尚去南海要比穷和尚容易得多，但是前者害怕困难，几年下来也只是说说而已，并没有付诸实践；而后者不惧困难，脚踏实地地去实践了自己的想法。

　　据一位职业咨询师调查发现，失业者普遍存在抱怨情绪：不是上司不会用人，就是工作环境太差，要不然就是同事太斤斤计较，却从未改进自己的能力和行为。如果你总是在抱怨你周围的环境，那么最终你又如何来实现自己的成功呢？

　　无论在哪个公司或部门工作，都可能有苛刻的老板或难以相处的同事，若一味地抱怨，根本起不到任何作用，只能融入环境，适应公司的文化氛围，从而让个人的才能和情绪达到最好的状态。只有这样，才能在短时间内成为公司的一分子，有利于工作的开展。

　　我们在做工作时，总是说这个不行，那个不好，这样会让人逐步失去责任感和行动力，只找客观原因，而不去设法解决问题，改变现状，人生的路只会越走越窄。所以说不要只是看到外界的不好，或者总是在找客观原因，这样对你的成功是没有帮助的，要记住自己的成功往往是因为自己看到了别人的优点和优势，让自己的内心变得更加的豁达。

　　对于每个人来说，做好本职工作是理所应当的事情，同时，也是必须做的事情，如果在这个时候你的上司给你多派了一些任务和工作，而这些工作恰恰是你力所能及之事，那么这个时候为何不多做一些呢？要知道这并不是一件坏事，给老板留下一个好印象，面对额外而适度的工作时，抱怨只会让人不快，而不会让老板把工作取消，除非你不怕和老板翻脸。与其这样，不如试着努力把它做好，要知道，这正是展现你能力的时候。就像戴尔·卡耐基曾说过的一句话："与其抱怨别人不重视你，不如好好反省自己，不断提高自己的能力。"所以说当你感受到自己没有提高的时候，你就要学会自我反省，而不是抱怨他人，如果这个时候你自我反省了，那么你会发现原来世界是这么的美好。

　　许多人之所以心生抱怨，可能有一些客观的原因，但更多的是在为自己找借口。爱抱怨的人会潜意识中说服自己相信失败并非由于自己不够优秀，他们往往认为他人的成功只是运气好罢了。在遇到烦恼，感到不如意时，先不要从别人身上找问题，抱怨世道的不公，而应该勇敢接受现实，积极行动起来，解决遇到的难题。因为智者的智慧不在嘴上，而应表现在行动中。正如歌德所说："采取一个改变命运的实际行动，比一千个苦恼一万个牢骚都顶用。"

抱怨往往是失败者的特权，可想而知，如果一个人总是看到自己身边的人的缺点，而看不到自己周围的人的优点，那么这个人又怎么会成功呢？如果你能够看到别人的优点，那么你自然会吸收这种优点，让自己变得更加的完美。

不要整天的怨天尤人，你不是完美的，那又有什么资格要求别人是完美的呢？所以说要想实现自己的成功，你就要学会让自己变得善良，善良的本性会让你内心的明亮照亮身边的人和身边的黑暗，同时，让别人感受到你的阳光。如果在你的内心中充满了阳光和温暖，那么在你的周围即便十分的黑暗，你也能够找到属于自己的路，你最终也能够实现自己的进步。所以说不管在什么时候，都要学会让自己内心充满光明。花总有凋谢的时候，树叶总有枯黄的时候，蝴蝶总有死亡的时候，人总有犯错的时候，外界总有黑暗的时候。既然人有悲欢离合、月有阴晴圆缺，那么你何必强求其他的人都是完美的呢？那么你又何必和社会中的黑暗斤斤计较，从而让自己失去了前进的动力呢？如果你想要实现自己的成功，那么就应该学着在自己的内心点亮一盏灯，让这盏灯照亮别人的同时，也照亮自己。

7　寂寞，让人看清自己

在这个物欲横流、充满竞争的社会中，到处充满了利益诱惑。而那些处于寂寞低谷中的人们，更容易受到利益的诱惑，更需要把握好自己的内心，知道自己想要什么、不想要什么，从而实现自身的价值。

寂寞的时候你在做什么？是消极地面对自己的人生？还是在消极地面对自己的内心？如果你在寂寞的时候只懂得消极或者是让自己的思想任由别人的摆布，那么最终你得到的将会是什么呢？好好地利用自己的寂寞，在寂寞的时候学会让自己找到属于自己的快乐，这个时候学会认清自我，为自己定位和寻找目标。

有一位老人，名叫哈利。在退休晚会上，伤心地对身边一个年轻人说："今天晚上，我只能坦然面对我惨痛的一生，我是一个一事无成的失败者。当乔治先生站起来致辞时，没有人能够知道我的内心是多么痛苦。当初，乔治先生和我一起进入公司，他和我一样只是一个普通人，但他不怕苦不怕累，勇敢面对挫折，尽心尽力地完成工作，所以他成了公司的董事长。而我却错过了许多良机：一次，公司想让我去南方一家新开的分公司当主管，我因为不愿离开纽约这个安乐窝而拒绝了；在工作中，还有一些机会，我也以种种理由放弃了。现在，我非常后悔，但我也退休了，想要努力也太晚了，真是往事不堪回首啊！"

哈利的失败在于闲置了自己的才能，图一时安逸，他的人生如同一支蜡烛，因为拒绝燃烧而未能物尽其用。这也正是哈利没有人尽其才的原因。等到最后他才发现，自己活着只是虚度年华，有的只是遗憾与后悔。一个懂得生命价值的人，会超越本身的利害关系，努力寻找发光的机会，竭尽一生奉献生命的能量。

许多年前，美国有一位年轻的实业家名叫菲尔德。他为了使大洋两岸的人沟通信息更加方便，便作出铺设一条横越大西洋、连接欧美两洲的海底电缆的重大决策。于是，他便向政府提出了这一计划。大家听后，认为这是天方夜谭，都坚决反对。菲尔德并没有因此放弃，他将自己的全部财产和精力都投入这项无人支持的计划中。几年间，他曾多次往返于两大洲之间，指挥架设海底电缆。在此期间，有成功也有失败。

功夫不负有心人，终于在 1858 年 7 月 28 日晚上，海底电缆发报成功。第二天，欧美两洲沉浸在一片狂欢之中。不料，由于技术上出现了一点问题，电传信号不久又沉寂了下来。这样一来，人们便开始怀疑菲尔德能力。菲尔德遭此重创，仍然信心不减，他又开始了不屈不挠的努力。

6 年后，这项计划终于完成了，人类通信史从此发生了很大的改变，菲尔德释放的光芒一直到今天仍被人们所称赞。

蜡烛燃烧了自己，并不是走向死亡，而是驱逐了黑暗；太阳释放了自己的能量，并不是走向死亡，而是照亮了宇宙；人竭尽所能，也不是走向死亡，而是报答了社会。人的一生，最大悲剧莫过于从未燃烧过，就已经化成灰烬了。

美国成功哲学演说家金·洛恩说："成功不是追求得来的，而是被改变后的自己主动吸引来的。"的确，在工作中，总有很多的"别人"让我们很郁闷，因为"别人"我们的心情总是变得不好。但是这种郁闷可能是因为他们和你融不到一起，可能是他们不欣赏你，可能是他们不喜欢你，可能是他们不重视你。但是，与其抱怨别人，不如学会感恩，用更积极的心态去工作。

生活中，不如意之事十有八九，靠抱怨并不能解决问题。面对不如意，与其抱怨，不如感恩。若我们习惯了抱怨，常说或听到"某某的工作好轻松"，"某某某怎么那么走运"等等抱怨命运的不公、抱怨生不逢时、抱怨造化弄人的话。在抱怨中，我们对自己拥有的幸福熟视无睹、不懂珍惜，单纯地放大缺憾；在抱怨中，我们患得患失、斤斤计较，把感恩的心态越抛越远。

在大多数人看来，抱怨是一件很好的发泄工具，可以放松自己的心情。但是，他们往往忽略了这种情绪对自己会产生消极影响。当然，每个人都不是圣人，难免有时会抱怨，我们能做到的是尽量避免抱怨。因为，如果总是抱怨会让我们对工作丧失起码的责任心。

在寂寞中独处，能够有更多的时间去思考。每个人都有思考的潜能，但思考需要宁静的处所和精心的孕育，并非像心潮那样说来就来。没有灵魂的渴求，没有思考的愿望，根本无法算得上是真正意义上的人的生活，思考是生命的高级形式。卢梭曾说过这样一句话："沉思的人，乃是一种变了质的动物。"人类与动物之间最本质的区别，就在于人类会思考。爱默生说过："世人最艰巨的使命是什么？思考。"只有经常独处的人，才能在独处中观察、分析、思考，才会有意外的收获，对生活有独特的见解与看法。

许多人都有过这样一种感觉，坐完惊险刺激的云霄飞车、空中飞人之后，觉得在秋千上轻悠地荡来荡去更是一件趣事；认为坐在长椅上，欣赏盛开的无名小花儿更是乐事。其实，你已经在不知不觉中开始慢慢地喜欢上了寂寞，喜欢上了独处。

一说到寂寞，或许有人会想到愁苦，其实并非如此。寂寞是一段静止下来的时光。当我们独自面对的时候，就如我们望月抒怀，我们会有一种气定神闲、静谧美好的感觉。古人的散淡、恬静、辞让，不正在于他们留一份寂寞给生命，让生命终于可以开阔吗？你对自己的定位是否正确，现在的你是否对自己有一个清醒的认识呢？如果你无法对自己有一个合理的定位，那么最终你是无法实现自己的目标的，不要对自己的定位过于严格，也不要对自己的定位过于高远，要学会在寂寞中认知自己，让自己了解自己，这样你才能够做更好的定位，实现自我的价值。

8　梦想更青睐于执着的人

机会对于每个人都是平等的，但是在追梦的路上，有些人成功了，有些人失败了。究其原因，是因为机遇偏爱有准备的人，梦想更青睐于执着者。不要抱怨命运不公平，如果你不成功，要么机遇到来之前你没有准备好，要么面对自己的梦想，你没有坚持不懈的执着精神。

有生活就应该有梦想，有梦想就应该执着地去追寻自己的梦想，不要让自己的梦想落空，如果你不懂得这一点，那么最终你是无法实现自己的成功的。在一个人的生活中，执着是一种精神，这种精神会帮助你吸引更多的机会，让你实现自己的价值，最终实现自己的梦想。

克尔在一家知名的报社当记者，工作能力强，得到了老板的认可。但是，以他现在的能力，做记者体现不了他的人生价值，他需要投身于一个更加具有挑战性的职业。于是，他决定做广告业务。接着，他便辞去了现有工作，在一家报社做了广告业务员。他是一个自信的人，向经理提出这样的要求：不要薪水，只按自己的业绩抽取佣金。经理听后，觉得他是一个肯努力的人，自然很乐意。

第一天，他从经理手里拿到了一份客户名单。仔细看后，他发现这份名单有点不一样，上面每一个企业的实力都很强。据同事们说，在他之前，报社去的每一个广告业务员都无功而返。所有的同事都认为那些客户是不可能与他们合作的，但克尔却自信满满，认为只要肯下功夫，一定能够有所收获。

在拜访这些客户前，克尔总会做一些准备工作：先把自己关在一个屋子里，站在一个大镜子前面，在心里默念十遍客户的名称和负责人的名字，接着信心十足地说："一个月之内，我一定会做成一笔大交易。"

果不其然，第一天，就有三个"不可能的"客户和他签订了合同；没过几天，又有两个客户同意买他的广告。仅用了一个月的时间，名单上面只剩下一个客户的名字，后面没有打上钩。

第二个月，克尔继续拜访新客户。但与此同时，他每天早晨，还要去拜访那个拒绝买广告的客户，只要他们的商店一开门，他就进去请这个商人做广告。就这样，一个月过去了，那位六十天都在说"不"的客户终于有了兴趣，问："在这里，你已经浪费了长达两个月的时间，而且我一直都在拒绝你，我想知道，是什么让你坚持了这么久？"第三个月的第一天，为克尔成立的广告二部成立了。在这里，克尔找到了一个新的发展平台，手下有三十多个员工。

一个目标往往会受到很多人的追逐，但那个能坚持到最后、笑到最后的人才是成功者。在人们的生活和事业中，往往因为缺少执着精神，而很难到达成功的彼岸。优秀的人总是坦然地面对一时的失利，然后一直坚持到最后，成为赢家。

梦想对每个人都很重要，但是如果你不懂得执着于自己的梦想，执着于自我，那么你是无法正确地处理在追梦过程中的快乐的，同样地，当你看到自己的梦想就要实现的时候，更应该学会执着，如果这个时候你不懂得执着，那么就会前功尽弃，一事无成。

一个执着于自己梦想的人，往往能够对自己有一个很好地认识，同时，也对别人有一个很好的认识，他们认识自己的目的就是为了让自己变得更加的自信，为了自己的梦想增强自己的自信，同样地，如果你能够很好的认识自己，那么你对自己的定位也就不会偏离事实，这样一来，你想要实现自己的成功，也将不是一件难事。

一个执着于自己梦想的人，往往有着自己的个性，他们独立，不喜欢依赖别人。因为他们知道依赖别人的后果很严重，如果对方不希望你去依赖，那么最终你也就无法实现自己的成功。所以说要学会让自己变得更加独立，独立地面对自己眼前的困难，这也是一件很好的事情。

一个执着于自己梦想的人，往往有着坚忍的性格，即便他们在追梦的过程中，遇到了很多的困难，他们也会毫不犹豫地去付出自己的努力，即便是付出了很大的代价，但是只要是为了实现自己的理想，他们就会不惜一切地去努力、去奋进。

一个执着于自己梦想的人，往往是开朗的人，他们看到的外界都是美好的，会利用这些美好让自己的内心变得更加的强大，这样一来，他们要实现自己的成功，也就不是一件难事。所以说要看到别人身上的优点，借助别人的优点帮助你改掉自己身上的缺点，从而实现自己的成功。

人和人的梦想都是不一样的，因此你没有必要跟随别人的思想，更没有必要因为别人的思想而伤害到自己的梦想。所以说即便你感受到了生活中的痛苦，即便在追求梦想的路上遭遇很多的苦难，那么你也没有必要放弃，如果你放弃了自己的梦想，那么最终你获得的成功也不是自己想要拥有的，这是多么可悲的一件事情。

坚持自己的梦想，不要轻易地改变。即便你的周围全是反对的声音，只要你认为是正确的，那么你就应该学会去坚持，如果你不懂得坚持下去，那么最终你也无法实现自己的成功，每个人的人生都是不一样的，但是都有共同的地方，那就是拥有自己的梦想，拥有自己的世界，拥有自己成功的时候。

坚持自己的梦想，为了自己的梦想付出自己的努力。现在的你是否执着于自己的梦想，如果你拥有了自己的梦想，那么你是一个幸运的人，如果你执着于自己的梦想，那么你就是一个幸福的人。"梦想成真"我们经常会听到这样的言语，但是要实现这四个字，往往不是你所想的那么简单，你必须执着于你的梦想，为了自己的成功而奋斗。

坚守篇

—— 笑到最后，笑得最甜

第七章

笑谈寂寞，拨云见日

　　看透寂寞，寂寞也未必是苦涩的，如果能享受寂寞，总有一天会守得云开见月明。寂寞，有时候可以是甜的，不信你可以问问那些为自己梦想打拼的人们，他们是不是觉得付出的过程是幸福的。当你坚定自己的目标，能看到自己的未来的时候，再多的寂寞也是一种幸福，因为你心里有美好的图景在召唤你前行。一个有梦可圆的人是幸福的，一个追梦人也可以笑谈寂寞，站在理想的高峰，我们也可以拨云见日，高瞻远瞩。

　　乐观地对待自己的寂寞，即便寂寞了很久，要知道寂寞的时候你需要的是坚强，而不是懦弱，如果这个时候你已经感知到自己处在寂寞中，那么你就要告诉自己要懂得坚持到底，学会坚忍不拔，这样你才会实现自己的成功，才会换来属于自己的胜利。

1　有一种成功叫锲而不舍

"锲而舍之，朽木不折；锲而不舍，金石可镂。"做人同样如此，只要有恒心、有毅力，离成功也就不远了。从本质上来说，锲而不舍是一种精神状态，是一种衡量人道德水平的准则。若是做任何事情都没有一点毅力，稍有困难就畏缩不前，很容易功亏一篑。

一个人一旦坚定了自己的人生目标，那么就不应该放弃，如果你因为别人的三言两语或者因为外界的影响和阻挠，而放弃了自己的梦想，那么当你走过这段人生，回忆起这段经历，那么你将会感到后悔莫及。

李时珍在 35 岁时，开始按计划重修本草。由于做足了准备工作，开始比较顺利，但写着写着，就出现了许多没有想到的问题。药物的种类如此之多，对它们的形状、药性和生长情形，很难做到心中有数。

从此，李时珍便深入山间野地，进行实地对照，从而更加清楚地辨认药物。在此期间，除了未过湖广之外，先后到过江西、江苏、安徽、河南等地，在大江南北都留下了他的足迹，行程长达两万余里。为了学习到更多的知识，他把种田的、捕鱼的、打柴的、狩猎的、采矿的，都当作良师益友。这样一来，他便积累了许多书本上没有的药物知识。

当李时珍走到河南境内时，在一处驿站看到几个车把式正在煎煮粉红色的草花。他很好奇，凑过去仔细一看，只不过是一些南方很常见的旋花，却不知这些车夫为何要煮它？于是向他们开口讨教："你们煮这些花有什么用呀？"其中一个车把式回答："我们常年在外，风吹雨打的，大多数人的盘骨都落下了伤痛。喝点旋花汤，对治盘骨病很有效。"李时珍听后，便把该草药的形状、药性等记录了下来，并将其写进书中。

一路上，李时珍一边考察，一边为父老乡亲们治病，深受人们的欢迎。在途中，他遇到一位老婆婆，患习惯性便秘长达30年，虽多方治疗，却没有一点效果。对此，李时珍运用民间偏方，再加上适量的牵牛子配成药，不久便治好了她的病。还有一个妇女鼻腔整天出血，怎么止、怎么治也没有效果。李时珍采用了一个民间药方——大蒜切片敷贴患者足心，没多久便止住了血。

在考察的路上，李时珍有了一个全新的认识，在这广阔的田野上，只要愿意学习，处处都是知识，每天都会有新的收获。就这样，李时珍几十年如一日，不断学习医学知识，1578年，他终于如愿以偿，完成了一部具有划时代意义的药物学巨著——《本草纲目》。

在人生的道路上，难免会遇到各种困难和挫折。要想成功，我们必须谨记一条秘诀——持之以恒，锲而不舍。在通往成功的道路上，可能一不小心，我们便会成为失败者，但只要你顽强地走下去，永不放弃，坚持到最后，一定会看到彩虹，实现自己的梦想。拿破仑曾说过这样一句话："人生最大的光荣不在于永不言败，而在于屡败屡战。"正是这种精神的支撑，才让他成就了震古烁今的一代霸业。

人生就是一个过程，在这个过程中，我们经常会遇到这样或者是那样的困难，但是不管什么样的困难，都不会影响到我们的坚持。如果在困难面前你懂得坚持到底，那么，最终你会发现自己的坚持其实就是一种成功。坚持的力量往往是无穷的，所以说要学会锲而不舍地去追求自己的梦想，最终实现自己的成功。

那么怎么样做到锲而不舍呢？

当你处在困境中的时候，要学会告诉自己，或者说是暗示自己，暗示自己会成功，让自己变得更加的坚强，如果你懂得了积极的暗示自己，即便困难在你的面前，你也会感受到其中的快乐，每个人的人生都需要自己去坚持，不管现在的你是成功还是失败，只有坚持，你的成功才会继续，只有坚持，你的失败才不会永远困扰着你。

锲而不舍是一种精神，所以一旦你确定了目标，为自己制定了方向，那么就不应该放弃。或许在你继续坚持自己的目标途中，会遇到各种各样的困难，也会遇到各种各样的诱惑，如果你能够坚持下去，不因为困难而放弃，也不因为诱惑而放弃自己的目标，那么最终你会守得云开见月明。

锲而不舍也是一种心境，这种心境只有懂得忍耐的人才明白。一个成功的人往往是一个坚忍的人，在通向成功的道路上，必然会有很多的荆棘和坎坷，如果你能够正确地面对这一点，那么最终你就能够实现自己的成功。同样地，如果你学会了坚忍，那么最终你就能够实现自己的目标。

任何人的成功都是一个漫长而又不断重复的过程，在这一过程中，一个人要想成就一番事业，就要有不达目的誓不罢休的韧劲，有坚持到底的决心，有锲而不舍、永不放弃的精神。是英雄就要有一个用武之地，是烈马就要骑到战场上，是雄狮就要放在原野里。任何一个人，都必须有一个合适的环境，才能充分发挥他的才能，从而取得成功。

古语言："精诚所至，金石为开。"还有一个是关于李白的典故——铁棒磨成针，强调只要功夫深，锲而不舍，没有不可能做成的事。也就是说，如果一个人想做成一件大事，只要认真努力、坚持不懈，就一定能做成。

有一种精神叫作锲而不舍，有一种精神叫作坚持到底。在梦想面前，你应该懂得坚持，在现实面前你应该明白什么是坚持，没有人知道自己想要坚持什么，也没有人明白自己坚持了多久，只要你明白自己还有梦想就足够了。

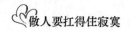

锲而不舍之后你会发现成功，锲而不舍之后你会发现自己的梦想已经成真。你有着怎么样的生活？你有没有生活的目标？如果你拥有了自己的目标，那么你怎么样才能够实现自己的目标呢？最直接的方法就是学会锲而不舍，如果你懂得坚持，那么再大的困难也将不是困难，最终你的成功也将变得容易。

2 伟大是熬出来的

许多人有"一朝得道一朝致富"的想法，但缺乏"板凳一坐十年冷"自我提升的耐心，殊不知，这样做一切都是空想。在我们众所周知的伟人中，哪一个没有经历过岁月的煎熬，哪一个人的经历不是十分的坎坷和丰富？

伟大来源于平凡，在你的生活中，会遇到各种各样的事情，但是最重要的一种就是要学会忍耐，当你在困难面前学会了忍耐的时候，你就会看到希望，彩虹一样的希望，你可以通过彩虹般的希望得到更大的进步，最终实现自己的成功。

如果你想要实现自己的成功，就必须要懂得在寂寞中重生，只有当你在面对寂寞的时候，你才能够认识到自己目标的远大，也只有这样，你才能让自己沉淀，积累能量，最终迎来更多的机会，也只有这样，你才能够创造出属于自己的伟大成功。

我们不得不承认，这个论述实在太经典了：不是行为本身决定价值，而是时间决定一件事的性质，从而不断提升这件事的价值。对于每个人来说，也同样如此。若你执着地做一件事，一直朝着这个方向不断去努力，所用的时间越长，也就说明越金贵。简言之，伟大是时间的函数，同时，时间又是成就自我的保障，如果你能够战胜时间，熬到最后，那么最终你会发现自己的成功将不会是一件难事。

在华中农业大学上大三的徐本禹，年仅 22 岁。他以 372 分的高分考取了本校农业经济管理专业的硕士研究生。在人们看来，如果徐本禹努力学习，将来一定会考上博士学位，或者出国留学，有一个好的发展前途。

一天，他在报纸上无意间看到了一篇文章，是关于贵州狗吊岩小学的。看后，他觉得那里的孩子实在太苦了，忍不住流下了眼泪。就在那一年暑假，徐本禹和 4 个同学商量后，决定去支教，几经周折，他们终于来到了贵州大方县猫场镇狗吊岩村。

暑假很快结束了，就在他们即将离开贵州时，狗吊岩的孩子们流着眼泪，一直把徐本禹一行送到好几公里外。

其中有一个孩子，仰着头问他："徐老师，你以后还会回来看我们吗？"徐本禹听后，顿时流下了眼泪，点了点头，告诉他们我还会回来的。事实上，他正在准备考研究生，只是不忍心告诉孩子们。最后，徐本禹作出了一个令人意想不到的决定：放弃考研的机会，继续回到狗吊岩村支教。　徐本禹居住的房子只有 10 平方米大，房间里几乎照不进阳光。在这里，徐本禹一周要上六天课，每天上课时间长达八个小时。五年级 1 个班的课程全部由他一个人负责，语文、数学、英语、体育、音乐等。由于这里信息和交通都不方便，导致学生对外界了解甚少。徐本禹说："这里的学生与大城市的学生相比，记忆力和理解力普遍较差，有时讲了 10 遍、20 遍的知识，可是仍然有很多学生听不太懂。有时，我十分生气，便丢下课本，走出教室，可是为了孩子的将来，我还是会回来。这样的事情有好几次，但同时也让我明白了'诲人不倦'的真正含义！"

长时间居住在这里，徐本禹心里的孤独和寂寞可想而知，可是他并没有退缩。2004 年 4 月,徐本禹回到母校作报告时,第一句话便是:"我很孤独,很寂寞,内心非常痛苦,有好几次在夜深人静的时候醒来,泪水早已打湿了枕头,我真的就快坚持不住了。"老师和同学们听到这些话,十分惊讶,不知道应该说什么好,只是默默地在那里流眼泪。

报告会结束以后,徐本禹又义无反顾地回到了狗吊岩村,依然每天沿着那陡峭不平的山路,心甘情愿地去给孩子们上课,去帮助孩子们……

徐本禹是这样说的:"我唯一能做的就是把爱心传递下去,用自己的行动来帮助那些需要帮助的人。"在他自己看来,这就是最充足的理由,也是支撑他坚持下去的动力。坚持就是成功的保障,如果你不懂得坚持下去,那么最终你也无法实现自己的目标。

在生活中,那些耐得住寂寞的人,往往能够坚守忠诚,不被外界所迷惑,最终在艰苦的环境里养成伟大的人格。这样的人往往会忠诚地对待自己的内心,他们能够抵挡住外界的诱惑,能够让自己变得更加的坚忍,不管是做什么事情,也不管是在工作中或者是生活中,他们都会义无反顾地去做自己认为是正确的事情,从而让自己的内心得到平静。

"熬"就是在与自己做斗争,如果你真的能够胜过自己,那么最终你就能够实现自己的梦想,如果你无法战胜自己,最终,你会发现自己的生活已经偏离了自己的内心轨迹。如果你懂得在煎熬中成长,那么最终你就会看到自己成功的步伐。每个人都希望自己能做出一番伟业,但是伟大是在生活中熬出来的,这点是无法改变的。

我们崇拜有作为的人,欣赏他们的伟大,然而,如果不曾读过他们的传记,怎知他们的伟大是在寂寞、挫折甚至磨难中逐渐熬出来的。我们欣赏有作为的人,同时也佩服他们的伟大,但是要知道每一个成功的人,他们的伟大往往就是生活中的寂寞和挫折成就的,他们不甘心失败,所以他们坚持着。寂寞的人不一定就是在自甘堕落,他们寂寞,但是很多时候他们又会变得相当的勇敢，一个勇敢的人往往能够让自己感受到自己存在的价值。你要想实现自己的人生目标，就要学会熬，和时间做斗争，和生活中的一切挫折做斗争，这个时候你就能够感受到自己存在的价值。每个人的人生都需要煎熬来磨炼自我，只是你能不能坚持到底而已。

3　做冬季的梅花

梅花在中国与兰、竹、菊并称为四君子。古往今来，备受文人墨客的推崇，有过无数赞梅咏梅的不朽诗篇。不少人以梅自喻，更有宋朝的林逋以梅为妻，以鹤为子，留下梅妻鹤子的佳话。"梅花香自苦寒来"，只有经历严寒，才能够飘散出清香。

我们欣赏梅花到底欣赏它的什么品质呢？它的干枝似铁，贞姿劲质，木质坚硬，耐寒而不怕旱，不畏风雨、严寒，至刚无欲，象征着顽强的生命。在三九寒冬，恶劣的环境中，暗香幽幽，寂寞中绽放，逆境中淡然，这不正是我们所最珍视的品质吗？

冬季的梅花总是那么的美丽动人，原因是什么？是因为它洁白的花瓣？还是因为它芬芳的气息？其实它的美丽多半来自它的内在，内在美往往是人们关注的对象。所以说当你看到梅花盛开的时候，要明白它经历了苦难，而盛开就是属于自己的一种成功，这就是它存在的价值。

在汉代，汉武帝以司马迁为罪臣辩护为由给司马迁定了罪，应该受腐刑，即古代一种肉刑。司马迁拿不出钱赎罪，只好受了刑罚，关在监狱里。

在司马迁看来，受腐刑很不光彩。为此，他几乎要自杀。但是，他只要一想到自己有一件极其重要的工作没有完成，就打消了死的念头。当时，他正在写一部历史大作，即《史记》。

二十岁的司马迁，为了收集各类历史资料，开阔眼界，增长见识，就开始到中国各地游历。司马迁收集了大量材料，又从民间语言中汲取了丰富的养料，为他日后完成大作打下了一定的基础。

后来，司马迁成了汉武帝身边的侍从官，又随皇帝巡行了中国各地，还奉命到各地进行视察，如巴、蜀、昆明等地。其父司马谈死后，子承父业，司马迁做了太史令。这样一来，更便于他阅读和搜集史料了。谁也没有想到，就在他开始写作时，因为替李陵辩护而得罪了武帝，进了大牢，受了刑。为此，他感到十分痛苦。

但是，每当他想起《周易》、《春秋》、《离骚》、《国语》、《兵法》，还有《诗经》三百篇，这些著名的著作，都是作者在心里郁闷，或者理想即将破灭的时候，才写出来的。那么，我也可以在这种情况下把这部大作完成。于是，他耗尽一生心血，把从传说中的黄帝时代一直到汉武帝太始二年（公元前95年）为止的这段时期，编写成一部多达五十二万字的巨大著作《史记》。

如果，中国历史上少了司马迁这样一株"梅花"，不论是文学，还是史学都将是一种无法弥补的缺憾。庆幸的是，我们有司马迁，有一个在受尽屈辱却依然矢志不渝的司马迁。于是，中国文学史、中国史学才多了亮丽的一笔。

梅花的品质有很多，如果你能够做到和梅花一样，那么你的人生就会变得更加的绚丽，自己的理想和目标也就会实现。

懂得忍耐，"忍"字就是心头一把刀，当你忍受着本不应该忍受的苦难的时候，就像是一把刀插在了心头，让你疼痛难耐，但是要知道如果你不懂得"忍耐"，那么你心头的这把刀会变成一把利刃，在不知不觉中刺向你的心脏，让你失去自己的生命。所以说要想成就自我，就应该学会忍耐，只有懂得了忍耐，才能够让自己成为一个成功的人。

单懂得忍耐还不够，还要学会克服寂寞。一个人在漫长的岁月中，很多时候都是在等待，等待着自己的成功的到来。要知道等待在很多时候并不是平静的，尤其是一个人在等待机会，实现自己的成功的时候，他们的内心并不平静，最终要实现自己的成功也不会是平静的，所以说这个时候，你要学会耐心地等待。梅花正是等待了春、夏、秋，最终才迎来了冬季飘雪，最终，才让自己拥有了绽放自我的机会。所以说你也要懂得等待，在严寒酷暑中等待机会，忍耐这种寂寞，虽然自己生活在寂寞中，但是这个时候你就会明白，在寂寞中等待往往能够让你实现自己的成功。

不做攀比，梅花的淡定让它变得更加的美丽，它不会想要与夏季的玫瑰攀比花朵的芳香，更不会想要和冬天的白雪比较看到底是谁更加的纯洁。它很满意自己，对自己的生活环境很满足，因此，它感受到了快乐，感受到了冬天的美好。所以说，人也是如此，不要总是拿自己的短处和别人做比较，如果你总是只看到自己的短处，而看不到自己的长处，那么最终你会变得更加的自卑，不知道自己能够做什么，更不知道自己以后会做什么，所以说不管是做什么事情，都要明白自己想要的是什么，最终实现的是什么。

梅花是懂得感恩的，虽然它要经历严寒才能够开放，虽然它的花瓣没有玫瑰芬芳，虽然它的花朵没有白雪一样纯白，但是它会用自己芬芳的花香来感激冬季，它毫不遮掩自己的花香，希望自己的花香能够弥漫整片山林，所以说，作为你也是一样，不管现在的你得到了什么，也不管现在的你拥有什么，都要明白，让自己得到自己想要得到的，让自己明白自己能够明白的，最终你会实现自己的成功，也会实现自己的快乐。用自己感恩的心去感激别人，即便别人赐予你的是痛苦，也要感激对方给了你这次体验人生的机会。

梅花香自苦寒来，只有经历了寒冷，只有经历了苦难，它才会开出美丽的花朵，散发出撩人心弦的芬芳，所以说不管在什么时候，都要像梅花一样，让自己变得更加的坚强，即便面前是坎坷路，也要学会面对这种困难，实现自己的成功。不管你拥有了什么样的生活，都需要具有梅花一样的品质，要耐得住寂寞，尤其是在恶劣的环境中，要耐得住寂寞的考验，当你能够在寂寞中修炼自己的时候，你会发现自己的成功将不是一件难事。所以说不管在什么时候，都不要被寂寞打垮。要像梅花一样，不攀比、耐寂寞、忍严寒、散芬芳。

4　逆境生存，方显英雄本色

比尔·盖茨曾说过这样一句话：许多不公平的经历，我们是无法逃避的，也是无可选择的。我们能做的只有接受已经存在的事实并进行自我调整。因为，一旦你选择抗拒或逃避，不但可能毁了自己的生活和前途，而且也许会使自己精神崩溃。总而言之，人在无法改变不公和厄运时，应该学会接受和适应，学会不断成长。

没有谁是一辈子不遇到逆境的，也没有什么败局挫折是一定能扭转的。当风雨袭来，我们能做的是将损失降到最低，而不是一味地想办法避免损失。逆境生存，更能彰显英雄本色，所谓英雄也不是万能的，而是知道如何取舍的。不要告诉自己，通过努力一定会怎样，因为有一些事情，是我们无论如何也做不到的，有些败局是我们如何也扭转不了的。

人的一生总是充满各种各样难以捉摸的变数，如果它给我们带来了快乐与乐趣，自然是一件好事，我们接受起来也很容易。但事情却往往并非如此，有时，它也会带给我们可怕的灾难，这时如果我们一味地逃避，反而让灾难主宰了我们的灵魂，那我们就永远只能生活在阴霾之中。

小时候，汉斯特别喜欢和同伴们一起玩耍。有一次，他和几个朋友在密苏里州的老木屋顶上爬上爬下。当汉斯爬下屋顶后，便在窗沿上歇了一会儿，然后从那里跳了下来，不幸的是，他的左手食指上戴着一枚戒指，在往下跳的时候，戒指无意间钩在钉子上，就这样他的一根手指被扯了下来。

汉斯心里害怕极了，尖叫了一声，他想他可能会死掉。但是，等到他的手指痊愈后，汉斯就再也没有为它操过一点儿心。因为，在他的心里已经完全接受了这无法改变的事实。

格丽·富勒是新英格兰的妇女运动名人，他曾将这样一句话奉为人生真理："我接受整个宇宙。"我们同样如此，也应该勇敢接受不可避免的事实。要知道，即使我们不接受命运的安排，也很难改变已经存在的事实，但是，我们却可以凭着自身的努力，去改变自己。

成功学大师卡耐基也曾说过这样一句话："有一次我拒不接受我遇到的一种不可改变的情况。我像个弱智，不断作无谓的反抗，结果带来无眠的夜晚，我把自己整得很惨。终于，经过一年的自我折磨，我不得不接受我无法改变的事实。"

是的，在不可避免的事实面前，我们就应该像诗人惠特曼所说的那样："让我们学着像树木一样顺其自然，面对黑夜、风暴、饥饿、意外等挫折。"

面对现实，勇敢接受并不等于束手就擒。只要能够从中发现可以挽救的机会，我们就应该为此而努力奋斗！但是，若情势已无法挽回，我们不应思前想后，拒绝接受现实，而应该试着接受不可避免的事实，唯有如此，才能在人生的道路上掌握好平衡，才能越走越远。

人生如同一次航行，不可能一帆风顺，航行的途中我们会遇到这样或那样的困难与挫折，有些人在经历过风雨之后变得更加坚强、更加勇敢、更加成熟；有的人却在风雨之后，迷失了自我。同样的环境，却有不同的结果。关键在于我们每个人对待挫折的态度不同！是的，在挫折面前，我们需要学会在逆境中生存！

在生活中，那些能从逆境中走出的人，往往是日后能成就一番大事业的人！

1955年秋天，济南有一位小女孩出生了，她的名字就叫张海迪。5岁时，她便患上了脊髓病，胸部以下全部瘫痪。就是在这种情况下，张海迪没有沮丧和沉沦，她以顽强的毅力和恒心与疾病做斗争，经受了严峻的考验，对人生充满了信心。

她没有机会走进校门接受教育，却在家自学了小学、中学全部课程，而且还自学了大学英语、日语、德语和世界语。后来，她攻读了大学和硕士研究生的课程。

张海迪于1983年开始从事文学创作，她用手中的笔写下了许多文学作品，如《向天空敞开的窗口》、《生命的追问》、《轮椅上的梦》等。其中《轮椅上的梦》在日本和韩国出版，而《生命的追问》出版没有半年时间，已经重印3次，获得了全国"五个一工程"图书奖。在《生命的追问》之前，这个奖项还从没颁发给散文作品。此外，她还写了一部长达30万字的长篇小说《绝顶》，引起了很大的反响。自1983年以来，经张海迪之手创作和翻译的作品超过100万字。为了报答社会，她自学医术，免费为群众治疗。

1983年，《中国青年报》发表《是颗流星，就要把光留给人间》，张海迪红遍全中国，并因此而获得"八十年代新雷锋"和"当代保尔"两个美誉。

一直以来，张海迪都以保尔为榜样。榜样的力量是无穷的，她怀着"活着就要做个对社会有益的人"的信念，把自己的每一分光和热都献给人民。她用自己的行动，回答了亿万青年非常关心的人生观、价值观问题。为此，邓小平还亲笔题词："学习张海迪，做有理想、有道德、有文化、守纪律的共产主义新人！"

现在，张海迪担任全国残联主席一职，供职于山东作家协会，从事创作和翻译工作。

人这一生，不可能事事如意。我们能够做的是，像张海迪一样，勇于接受现实，为自己的梦想而奋斗，而不应遇到一点困难就一蹶不振。面对多变的人生，我们应该做到：有勇气改变能改变的事情，有胸怀接受不能改变的事情，有智慧分清两者的不同。逆境并不是一点好处也没有，每个人都会经历逆境，不管是什么样的生活中，都可能会让自己陷入逆境中，但是当你已经陷入逆境中之后，不要悲伤，更不要气馁，如果你因为现在的逆境而放弃了自己的人生或者是放弃了自己的目标，那么最终你是不可能走出逆境的。要知道现在的逆境就是为了以后的成功，你的成功也就是为了现在走出逆境。

5　寂寞让人生厚重

生命是有限的，没有人能够延长生命的长度。但是，我们却可以通过自身的努力，开拓生命的宽度和深度，这才是一个人一生最珍贵的收获。我们最终都将走向死亡，但不要在贫乏和肤浅中死去，那样的死根本毫无价值。只有在寂寞中体味生命的丰富和深刻，才能带着满意和欢愉离开。这样的结局，才算得上完满。

　　生活本来就是平淡的，不管是做什么事情，都能够看到平淡的身影，同样地，即便是在寂寞中，你也会有所收获，而这种收获往往能够让你的人生变得更加的厚重，让你的生活变得不再没有趣味。

　　明朝时期，董京在京城做官。某年，山东遭遇旱灾，朝廷派他去山东抗旱赈灾。于是，他便来到了山东。仔细察看后，他才发现灾情非常严重。

　　这里的人，家家户户夜不闭户，因为家中几乎没有什么值钱的东西了。他在巡视灾情时发现，由于无粮可吃，许多人家竟一起枯坐家中等死。灾情如此惨烈，他十分震惊。本来已经很累了，他来不及休息便开始了抗旱赈灾工作，不敢有半点懈怠。一般情况下，天未亮他便开始工作了，每到晚上，他会对工作进行总结并安排好第二天的工作才肯入睡。在他的努力下，灾情有所缓解。就这样，他成功地消除了这场大的社会动荡。

　　没过多久，他便返回了京城。许多朝廷大臣知道他回来的消息，便纷纷为他请赏。然而，当朝廷给他加官晋爵之时，意想不到的是，他却对皇帝说："我曾截留过朝廷下发的救灾银两，虽然这些银两仍然用在公事上，但我仍然愿意偿还这笔银两，并希望陛下收回这次的赏赐，以便将功赎罪。"对于这件事，满朝文武很不理解，认为本该受赏却主动揭自己的疮疤。董京是这样说的："我去山东抗旱赈灾，亲眼看见了民间惨状，这让我为自己过去曾截留救灾银两而悔恨不已。当时，我才意识到，这些银两可是救命钱，因而深感自己的罪恶。如果现在我不说出来这件事，我的良心难安啊。"

　　最后，董京得到了朝廷的宽恕。这件事之后，他更加勤于政事，时刻为老百姓着想，受到人们的称赞，最终成为尽人皆知的清官。

　　董京的生命因此而变得厚重。我们可以想象得到，董京在是否揭发自己截留救灾银这件事上，心里自然备受煎熬。其实，他自己心里也非常明白，如果自己把这件事说出来，不仅功劳将被朝廷一笔抹去，而且很有可能因此招来牢狱之灾，最后身名俱败。原本是为了求得宽恕，却可能因此而招来杀身之祸。这样一来，让原本就负罪的心变得更加疼痛，更加复杂。在无数个夜晚，他难以入睡，心也变得越来越孤独和寂寞，灵魂如在烈火中烧烤一般。在孤独中面对灵魂，最终，他决定将这一切公之于众。如果能求得朝廷的原谅最好，如果不能求得朝廷的原谅，他也愿意勇敢地去面对现实，接受应该受到的惩罚。

寂寞往往能够让一个人感知到生命的美好，因为在寂寞中挣扎，才能够让自己明白自己存在的价值，如果你失去了太多的快乐，那么最终你会得到什么呢？在人生的寂寞时光中，我们应该认识到只有自己经受住了磨炼，才能够塑造出一个全新的自我，也才能够让自己得到更多的收获。寂寞就像是一坛酒，越是酝酿的时间长，酒的味道才会更浓郁和芬芳。当你能够正确地面对自己生命中的寂寞时光的时候，你最终会发现自己已经成功。没有人知道你经历寂寞的时候的艰辛，当然也没有人知道你从中获得了什么，你只要知道自己的成功其实很简单，就是要学会在寂寞中生存。

一个生命显得更加厚重的人，往往能够拥有一个良好的心态，不管是遇到什么事情，只要保持良好的心态，不气馁，也不失落，那么最终就会得到很多。每个人的人生就像是一场戏，你不知道下一幕该怎么演出，但是不管你演的怎么样，都要让自己的戏变得有意义。即便当你遇到困难的时候，也不要轻易地放弃，更不要因为暂时的困难，而让自己的内心失去了平静，让自己的内心变得十分的荒凉，所以说不管在什么时候你都要明白，只有自己保持良好的心态，就能够得到内心的满足，最终你也就能够实现自己的成功。

在电视剧《士兵突击》中，最让我们难忘的一句话就是"要做有意义的事情"，人活着就要做有意义的事情，那么什么事情才算是有意义的呢？每个人的生活都应该过得有意义，但是什么样的生活才算是有意义的呢？这个问题的答案有很多，不同的人有不同的认识，但是不管怎么样做，你都要学会让自己的生活变得有价值，那么即便是在生活中遇到了寂寞的时候，也应该让自己的人生变得更加的有价值，如果你不懂得利用寂寞，那么最终你也不会感知到生活中的快乐和价值。

经过寂寞的洗礼之后，我们的灵魂得到了重生，对于生命、对于美、对于快乐都有了全新的体验，我们的生命也因此变得更加有意义。寂寞的人精神是富有的，生命是厚重的。在自我的世界中，你拥有一片天，那里蕴藏着你的全部。经历寂寞并没有你想象的那么可怕，要知道只有经历了才能够实现自己的成功。人的一生总是会经历寂寞，寂寞总是会伴随在你的左右，如果你能够让自己的生命变得更加的有意义，那么你会发现其实寂寞发挥了很大的作用，不管是在什么时候，你所要经历的事情，往往和寂寞有关，所以说如果你想要让自己获得更大的成功，就不要让自己恐惧寂寞。

6　因为耐得住寂寞，所以幸福

著名作家梁实秋先生曾说："寂寞是一种清福。"能把寂寞当作幸福来享受的必定是大胸怀大智慧之人，常人不会把寂寞当作一种享受。那么寂寞怎样才能成为一种清福？不同的人有不同的理解。

梁实秋在散文《寂寞》中曾写过这样一句话："我在小小的书斋里，焚起一炉香，袅袅的一缕烟线笔直地上升，一直戳到顶棚，好像屋里的空气是绝对的静止，我的呼吸都没有搅动出一点波澜似的。我独自暗暗地望着那条烟线发怔。屋外庭院中的紫丁香还带着不少嫣红焦黄的叶子，枯叶乱枝的声响可以很清晰地听到，先是一小声清脆的折断声，然后是撞击着枝干的磕碰声，最后是落到空阶上的拍打声。这时节，我感到了寂寞。在这寂寞中，我意识到了我自己的存在——片刻的孤立的存在。这种境界不易得，与环境有关，更与心境有关。寂寞不一定要到深山大泽里去寻求，只要内心清净，随便在市场里，陋巷里，人们都可以感觉到一种空灵悠逸的境界，所谓'心远地自偏'是也。在这种境界中，人们可以在想象中翱翔，跳出尘世的渣滓，与古人同游。所以我说，寂寞是一种清福。"是的，仅仅短短的几句话，就能给我们很多启迪。

有一位成功的女商人曾说过这样一句话："只有你花了的钱才是你自己的，你的昨天不管好坏都是你真正活着的人生，因为谁也无法预知明天。"这番话虽然有几分含蓄，却有一定的道理。因为，她现在每天的生活就是，亲自接送孩子上学、下学，将生意交给其他人打理。每次把孩子送进学校时，看着孩子走进校门的身影，她总是一个人站在原地，很长时间才离开。此时的她，心里非常寂寞，但同时她还有一种幸福感。以前，她总是为了生意而奔波，很少有时间照顾孩子，慢慢地，孩子竟然和她生疏了。此时此刻，她终于明白了，原来生意和钱不是最重要的，和孩子相处才是最重要的，才能享受到人生的真正幸福。

那么，怎样才能找到寂寞的幸福状态？有人说睡觉可以找到，其实未必。睡觉只是一种状态，如果睡觉很沉，雷打不动，忘了一切，何谈幸福？如果不断做梦，使大脑不停地运转，无法得到休息、无法放松思维，那么就不能进入静寂，也就不能谈及幸福了。

现代人为了能进入静寂状态，练起了能控制自己、能驾驭肉身感官甚至能驯服内心的瑜伽。他们练习瑜伽的最终目的就是要卸下所有思维神经的负担，把大脑放空，让全身心放松，放松，再放松，最后进入到静寂状态就会产生全新灵感。这就像作家梁实秋所说的："悟到自己的渺小，这种渺小的感觉便是我意识到我自己存在的明证。"

人们在与别人相处时往往不会在意自己，他们只有在寂寞时才会意识到自己的存在，或许在这个时候才会意识到自己存在的价值，要知道这种感受既是宝贵的又是难得的。有些人总是自我感觉良好，感觉自己无所不能，自高自大，居功自傲。实际上，这种人不但失去了自我，也失去了寂寞中的那种幸福，他们总是羡慕外界的诱惑，从而失去了享受自己内心寂寞的机会。

不是只要朗诵祷文就能进入静寂状态的，如果有人在朗诵祷文时想着乱七八糟的事，心不在焉，心神不合，那么将永远无法进入静寂状态。只有在朗诵祷文时心无旁骛，才能找到寂寞的幸福状态。所以说寂寞并不是一种简单的存在，它往往是一种可贵的资源。

这种静寂状态下的寂寞并不是孤独，也不是平庸，而是一种幸福。不过人们只有在心灵真正进入到静寂状态时才能找到这种幸福，当然这种寂寞下的幸福也不会是永久的，有时只是瞬间的。

峰是个典型的乐天派，在别人看来，他一直是一个活泼开朗的人，没有烦恼伤心之事。他在日记里写道："努力让自己成为一个洒脱随性的人。"因为峰从小就羡慕武侠剧里那些淡定随缘的侠客，所以在不知不觉中具备了这种豪爽洒脱的性格。可是，每次在半夜醒来时，总会有或多或少的寂寞袭来，渗进他坚强的缝隙。

平凡的峰是幸福的，像许多人一样快乐，但这并不说明他不曾经历寂寞。其实，他也体会过寂寞的滋味。以前的他，凡事都由父母帮忙，遇到麻烦时也会有人相助。后来，他觉得自己长大了，没有父母的帮助和支持依然可以坚强地生活下去。于是，他搬出温馨的家，自己租房住，过上了他认为自由快乐的生活。在一段自由生活后，从未离家的他体会到了家的温暖、家的可贵，对眼前的寂寞有了新的体会。

峰所在的公司，加班是家常便饭，有时甚至要加到很晚。当他独自一人回到出租屋后，陪伴他的只有冷冷的月光。看着燃起的万家灯火，听着传来的说笑之声，峰的心中难免产生孤独、凄凉之感，感觉自己是飘浮不定的浮萍，居无定所，游荡不停。峰想：在每周都能回家的自己都会有如此感觉，那长期在外漂泊的人只会更难过。就在此时，他明白了许多事，为什么独自在外的人很快就会投入一段新感情之中，为什么毕业后到外地工作的同学都会抛弃旧爱、找到新爱。其实，大家都在躲避寂寞的纠缠，寻找心灵的归处。

当峰搬家的时候，电器线路出现故障，峰的家人很快帮助他解决了。可是，与峰住在一起的外地同事们，什么事情都得自己做，无人帮忙。每次想到这些，峰的心里就开朗多了，感觉幸福多了。

也许在旁人眼中，这个行走在黑夜里的人是寂寞的，实际上寂寞在他的左边，幸福在他的右边，它们一直这样手牵手，静静地陪着他。或许，是寂寞让峰明白了这些，同时也是寂寞让他拥有了这一切。对于每个人来说，或许这就是一种寂寞的幸福吧。幸福来源于寂寞，当你能够感知到幸福的存在的时候，那么你一定经历了寂寞，如果你不懂得经历寂寞时光，那么，最终你会发现自己的幸福其实已经变得苍老，要知道一个人要想实现自己的成功，就应该实现自己的最终幸福。每个人的人生都希望得到幸福，那么就不要惧怕寂寞，勇敢地去经历寂寞吧。

7　坚守，最大的敌人是自己

人生中会遇到各种各样强大的对手，但是不管你的对手是怎么样的，你都要明白外界往往不是最重要的敌人，而一个人最重要或者说最强大的敌人，往往是自己。如果你能够抵挡得住自己的内心，那么最终你会实现自己的成功。学会坚守，这样你才能够战胜自己，得到自己最终的成功。

坚守住人生的阵地，最主要的就是要战胜自己。当你在失败面前退缩的时候，你要明白这个时候的自己被失败的自己占领，自己的阵地已经被敌人统治。如果你想要战胜敌人，就应该学会坚守住自己内心的阵地，让自己成为自己的统治者，统治自己的内心世界，最终让自己的生命变得更加的丰富多彩。

曾有一位记者对一个成功摆脱毒瘾的吸毒者进行采访，而且还被录成节目。当初，他无意间染上了毒瘾，而且毒瘾很大。但是，他认为吸毒并不是一件大事，满心以为自己能够轻易抵制毒瘾，只要自己决定以后不再碰毒品，就能够立刻从中远离。没有想到的是，在一次次的放纵中越陷越深，不仅花光了所有的积蓄，而且还变卖了自己的所有资产。无奈之下，妻子只好离开了他。在这种情况下，他意识到吸毒是错误的，可是又难以抵制，曾一度陷入绝望。原本以为自己这辈子就这样完蛋了，却没料到自己在被送到戒毒所之后，一个偶然的事件改变了自己的命运。

他在戒毒所中闲逛的时候，发现有两个毒瘾很深的人每天都会躲在一个角落里聊天。一次，他走近仔细一听，才发现他们正在聊自己吸毒时的感受。没想到的是，他们聊天的内容极其生动、逼真，一下子抓住了他的所有神经，他陷入那种语言所带来的想象中，以至于他出现了两腿发软、大汗淋漓、大脑兴奋的症状，仿佛找回当年吸毒时的快感一样，深陷其中而难以自拔。有了第一次，接下来的几天都会忍不住凑到那儿去听他们聊自己吸毒时的感受，但是时间久了，他才发现他们的聊天内容已经不再像之前那样有魔力了，他已经很难进入到第一次出现的那种吸毒时的状态了。同样的描述内容，但到后来却再也难以调动他的那种神经反应了。不知不觉，他才猛然发现自己已经没有毒瘾了。

他说："或许你们会觉得很奇怪，为什么通过这种方式可以让毒瘾消失呢？"原因在于，通过这种方式可以直接面对自己大脑中潜藏的那种强烈的心理需求。或许开始时，我一时还难以控制自己，但时间长了，对于外界的那种刺激也会渐渐变得麻木，与此同时，对于毒品所引发的强烈快感也逐渐麻木。这样一来，对于真正的毒品也就产生了一种抵制力，从而摆脱自己对毒品的心理依赖。

在现实生活中，每个人都有不愿面对、不敢面对的伤与痛。当这些伤痛袭来时，就是你最孤独无助的时候。但是，只要你勇敢地去接受、去面对，就能逐渐克服内心的伤痛，在寂寞的独处中看到它的真正面目，从而解读出你所遭伤害的真实面目。你的错误解读使你一直难以走出自己所挖的陷阱，每当你触碰到这个伤口时，你就会再次陷入你的陷阱之中，无法自拔，让你悲痛万分。说得简单一些，这些错误解读就是藏于你灵魂深处的那个黑暗角落里的一种危险品，只有被寂寞所照射才能勇敢地将它们从你的灵魂深处剔除出去，这样一来，你的灵魂才不会受到伤害。

沉淀，即将精神世界中的杂质清除出去，从而保持心灵的纯洁与清净；沉淀就是将你精神之屋中所装的"物品"——观念，一一清点出来，然后逐一进行审视。最后，将那些错误的、偏执的观念和想法像垃圾一样抛弃，保持精神之屋的清洁。可以这样说，沉淀是一个整理你的精神之屋的过程，通过沉淀可以让你的精神之屋更加有序，让你更加清楚自己为什么会对外部世界作出如此反应，与此同时，你也就明白了自己的精神世界里都装有什么，你是如何受这些观念和意识支配和影响的，你就能不断判断出哪些观念是正确的，哪些是错误的，对于正确的观念，应该采用；而对于错误的观念，必须及时抛弃，不让自己的心灵为它们所累。

对于每个人来说，沉淀都有着极其重要的作用。它是我们成长过程中不可或缺的自我更新，能让我们的心灵进入澄明之境，使我们的观念、意识层次分明，让我们更好地把握住自己的情绪、指导自己的行为，使我们的生活变得更加充实而有意义。

一杯污浊水沉淀是需要一定时间的，同样地，一个人精神世界的沉淀，内心也应保持平静，同时，也是需要在一定的时间段之内的。当然，这只能在我们独处时来完成，也只有独处才能让自己的内心得到真正的平静。因为独处有利于沉淀，独处让我们一直飘浮在尘世的心，停止下来。所以，每当我们与寂寞为伴时，不要害怕寂寞，更不要驱赶寂寞，而应试着让寂寞走进我们的心扉，让你的心与它进行坦诚的交流，从而看清楚我们的真实面目，为自我进行打理；去除它身上的苦痛、伤疤、灰尘，让它精神焕发。

可以这样说，精神的沉淀来源于寂寞的帮助，没有寂寞、拒绝寂寞，我们就很难认清自己，那颗漂泊的心也永远难以安静下来，而任由自我被外界所污染、劫持、伤害，我们就不能认识真正的自我，更加不能改变或超越自我。用一个形象的比喻来说，寂寞就好比住在我们精神之家中的那个资格最老的长辈，只要他一呼唤，我们流浪在外的心也就回了家，接着他们便开始了一场对话，每次自己的真实面目都会在这种对话中变得更加清晰，从而不断超越自我，更好地把握住自己的情绪与言行，使我们变得更加成熟、有智慧。

8　人生也可以先苦后甜

寂寞是一道茶，据说，先苦后甜是古人从品茶中悟出来的，刚开始泡的新茶较浓，味苦，经过反复冲泡后慢慢变甜。它告诉我们不要在意现在的艰苦而要保持乐观的态度，看到前途的光明。

怎么样的人生才算是幸运的呢？就是那种经历了苦涩之后，品尝到甘甜的人生。一个人在年轻的时候会经历很多事情，这个时候你会觉得自己的人生是多么的枯燥，或许你看到别人奋进的人生，会羡慕对方人生的精彩，但是要知道这个时候你经历的事情会是很多，不管怎么样的事情，对你都是一种磨炼，最终你才能够品尝到生活的甘甜。

春秋时期，吴王阖闾一举打败楚国，成为南方霸主。公元前 496 年，越国国王勾践称帝。吴王了解到越国刚刚遭到丧事，便趁此机会发兵攻打越国。在吴王阖闾看来，这一次一定可以打胜仗，没想到自己负了伤还打了个败仗，再加上自己上了年纪，等他回到吴国，很快就咽了气。吴王阖闾死后，儿子夫差继承了王位。

两年后，吴王夫差亲自率领大军去攻打越国。当时，越国有文种和范蠡两个精明能干的大夫。勾践并没有按照范蠡所说的去做，而是兴兵去跟吴国人打仗。就这样，两国的军队在太湖一带打上了。果不其然，越军大败。于是，勾践派文种到吴王营里去求和。文种在夫差面前表明勾践要求和。吴王夫差听后，非常乐意，可是伍子胥却坚决反对。

文种回去后，便开始打听吴国伯嚭的为人。据说，他是一个贪财好色的小人。于是，文种悄悄地送给伯嚭几个美女和一批极为贵重的珍宝，请伯嚭在夫差面前美言几句。

经过伯嚭在夫差面前一番劝说，吴王夫差不顾伍子胥的反对，答应了越国的求和，但是有一个要求，就是要勾践亲自到吴国去为人质。文种回去后，把情况向勾践如实报告了。于是，勾践将国家大事交给文种，自己带着夫人和范蠡来到了吴国。夫差每次坐车出去，勾践就给他牵马，这样过了两年。夫差以为勾践真心归顺了他，就让勾践回了越国。

回国后，勾践并没有放弃复仇。在表面上，他装出一副服从吴王的样子，但暗中却在操练精兵。与此同时，他也在等待一个好机会反击吴国。

勾践深知艰苦能锻炼意志，安逸反而会消磨意志的道理。他害怕自己会因眼前的一时安逸，而消磨报仇雪耻的意志，所以他一直生活在艰苦的生活环境里：晚上睡觉时，不用褥，只是简单地铺一些柴草（在古时被称为薪），他害怕忘记过去的耻辱，然后又在屋里挂了一只苦胆，不时会尝尝苦胆的味道。十年后，经过长期的准备，越国民富兵强。后来，勾践终于打败了吴国，洗雪了耻辱。

这就是历史上著名的卧薪尝胆的故事。它教育后人，不要被眼前的困境吓倒，要时刻提醒自己不忘自己的目标，不要放弃奋斗，经过一番艰苦的努力之后，必将苦尽甘来。当然，吃苦的过程是寂寞而难熬的，但是，人生往往是一个先苦后甜的过程，如果连这点苦都吃不了，那么永远也享受不到甜的幸福。

你的人生是否经历了苦难和挫折？一个人要想让自己的生命变得精彩，那么最简单的方法就是勇敢地去面对挫折。在一个成功的道路上，荆棘总是时不时地出现，所以说如果你想要让自己的生命变得更加有意义，那么就要学会去经历这种苦难，在痛苦中挣扎，当你挣扎出来之后，才能够感知到成功的快乐。

在一个人的生活中，生命就是充满色彩，如果你的生命充满了色彩，那么最终你才能够实现自己的成功。我们生活在什么样世界中，就会经历什么样的事情。如果你明白先苦后甜的生活意义，那么你的生命才会显得更具有魅力。

曾经在一篇文章中读到一句话，每个人的一生都会有一杯甜水和一杯苦水，不同的是，有的先喝了甜的那一杯，有的则是先喝了苦的那一杯。人生是可以先苦后甜的。经历了苦难之后，或许你才能够真正地感知到生活的甘甜，如果你不经历苦难，那么最终的甘甜你又怎么会知道呢？

先苦后甜的生活是一种哲学，因为不经历困难，怎么会迎来成功呢？在通往成功的道路上，必然有苦难在等着你去经受。如果一个想要成功的人，没有经历苦难，那么最终是不会实现自己的成功的。每个人的人生都是不一样的，不管是在做什么事情，这样的人生都需要我们共同去努力，最终你所经历的也将不仅仅是苦难，而得到的将会是成功的甘甜。

在你的人生中，怎么样才能拥有甘甜的人生呢？那么这就要付出自己的努力，一个人的努力往往是一个锻炼自我的过程，很多人说努力地生活就是炼狱般的生活，其实一点也不夸张，因为很多时候要想换来甘甜的未来，就要经历痛苦的付出，你付出的或许是你的汗水，也或许是你的血泪。但是要知道要想成就自己的梦想，付出是必然的，如果你不懂得付出，那么怎么可能会实现自己的收获呢？所以说付出之后的收获才会是甘甜的，你才能够感受到自己存在的价值，这样你才能够让自己感受到先苦后甜的乐趣。人生经历的事情太多，往往会让一个人麻木，但是要知道麻木的人往往不会感知到生活中的快乐，所以说，如果你想要让自己的生命变得更加的快乐，那么你就要学会在苦难中享受人生，将自己经受的苦难当作是人生中的一大乐事，用乐观的心态来对待自己现在经历的一切，最终，你会发现自己的成功将不会是一件难事。

第八章

寂寞锤炼，锻造成功

一颗寂寞而执着的心，如穿石的水滴，一日的坚持毫无效果，一月的坚持微不足道，一年的坚持初见成效，长年累月，再硬的石头也能滴穿。这就是恒心的效果，没有谁的成功是一蹴而就的，只有以一颗执着的恒心，脚踏实地地一步步向目标迈进，才能最终获得成功。点滴的努力没有效果，等待成果的时光是漫长而寂寞的，然而唯其如此，才能把寂寞的岁月走成最后的辉煌。成功除了不懈的努力，别无他路，如果你只想享受硕果，而不想辛勤地付出，那么所谓的梦想对于你也只是美梦一场。

寂寞中的锤炼，有的时候就像是在炼狱中生活一样，但是要知道只有经历了这种痛苦的锤炼，你才能够让自己拥有更强大的力量，最终实现自己的成功。同时，要学会做到坚持，只有坚持下去，才会实现梦想。让你的恒心帮助你实现你的成功，让自己的生活变得与众不同。

1 只要坚持，水滴石穿

很多时候，成功就意味着坚持不懈。有水滴石穿的恒心，有愚公移山的韧劲，把别人看上去的不可能变成可能。成功是让人精神振奋的，坚持的过程又是极其寂寞孤独的，有时候还要面对别人的不解甚至嘲笑。但是，只要你肯坚持，或许就有看到滴水穿石的那一天。

坚持就是一种美，要想让自己成为一个成功的人，那么就要学会坚持，不管是遇到什么样的事情，都要学会坚持到底，只有坚持才能够得到成功，如果你仅有很高远的理想，但是不懂得坚持下去，那么最终你是不会实现自己的理想的。

坚持同样是一种美德，在中国历史文化中，坚持就是一种美。不管你想要得到什么样的结果，也不管你希望自己拥有什么，只要你懂得坚持，那么就是一种获得，坚持到底，最终你会实现自己的成功。

坚持的力量是强大的，这种力量重于泰山。当你想要实现自己的成功的时候，如果你懂得在困境中坚持，在寂寞中坚持。那么，最终你会走出失败的阴影，让自己的道路变得更加的宽阔。最终实现自己的成功的动力，也就是因为你能够坚持到底。一个懂得坚持的人，往往能够实现自己的成功，如果你能够坚持到底，最终你拥有的就不仅仅是阅历，更多的是快乐。

曾经有这样一个小男孩，当他站在领奖台上时，人们都十分惊讶。

这个男孩年仅 14 岁，他制定了一个跑步计划：第一个月：每天完成从家属楼到学校的 1000 米；第二个月：增加 50 米，即每天完成 1050 米；第三个月：再增加 50 米，即每天完成 1100 米；第四个月：每天完成家属楼到医院的 1200 米；计划一直排下去，每月都有所增加，到了下一年开始增加到 5000 米。

从表面上来看，这个计划并没有什么特别的地方，甚至有些人会觉得，每月增加几十米，实在太简单了，甚至还会有人嘲笑：这个孩子肯定很懒，他这样做只是想敷衍家长或老师。

出人意料的是，6 年后，他站在了领奖台上。这个小男孩站在了领奖台上，他获得了全国残疾人运动会长跑冠军——夺得了金牌。

这时，人们才知道，原来他并不是一个健康的孩子，而是一个有先天性残疾（仅一条腿）并伴有癫痫病的孩子。看到这一幕，人们纷纷流下了感动的泪水，纷纷请教他成功的秘诀，对此，他只说了这样一句话："每次跑步时，我都对自己说：让我跑完这段路。"

是的，这句话看似简单，却有着很深的含义。因为，这意味着一种意志力、一种毅力。正是这种顽强的意志力，才使他克服了常人难以想象的困难，并坚持了下来，谁也不知道，在这期间他流了多少汗水。但这点滴的积累、毫不松懈的积累终有一天会得到回报的，他终于获得了"滴水穿石"的效果。

大自然是神奇和奥妙的，如果不是认真观察，你怎么也想不到，太极洞内那小小的水滴竟然能滴穿石块。人类社会也是如此，只要以水滴的持之以恒的精神，锲而不舍，也能用自己的微薄之力战胜强大的顽石。

竺可桢的成长过程也为我们树立的榜样。竺可桢的父亲竺嘉祥一开始给他起名叫兆熊，小名叫阿熊。可又一想，觉得孩子还应该有一个学名才好，于是，便请来镇上的私塾先生，两个人商量了又商量，决定用"可桢"作为学名。

一次，竺可桢正在教室外的走廊里玩耍，正好有几个同学从竺可桢身边经过，几个人嘻嘻哈哈、挤眉弄眼，其中一个人大声挖苦道："这副身子骨，迟早有一天会被台风吹上天。"另一个添油加醋地说道："小矮子如此寒酸，我看他活不过20岁。"

听到这些话，竺可桢十分生气，真想走上前去教训他们一番，可是转念一想：谁叫自己的身材如此瘦小、单薄呢。

晚上，竺可桢一个人躺在床上翻来覆去就是睡不着，白天同学们说的话一次又一次地在他耳边响起，竺可桢想：既然自己立志要为国家作贡献，就一定要有一个好身体。"对，作为一个男子汉，说到就要做到。"竺可桢立马从床上爬起来，连夜制定了一套详细的锻炼身体的计划，还为自己写了一条格言——"言必行，行必果"，然后将它挂在宿舍里最明显的地方。自此，竺可桢便每天早早地起床，一个人来到校园里跑步、舞剑、做操。即使遇到大雨、刮风的天气，也从来没有间断过。

就这样，竺可桢凭着自己顽强的意志坚持了一段时间，体质明显增强，以前总是隔三岔五地请病假，自从锻炼身体后几乎没有请过病假。小竺可桢凭着自己的刻苦勤奋与好学精神，在知识的海洋中越走越远。

每个人都有理想，都曾做过成才成功的梦，但是很少人能将之变成现实。所谓成功者，无非是甘为自己的目标忍受寂寞煎熬不懈奋斗。如果你拥有自己的梦想，那么就要勇敢地坚持下去。不要轻言放弃，因为暂时的苦难，放弃了自己的梦想，那么最终你是无法实现自己的成功的。

坚持是一种伟大的精神，也是一种伟大的品格，在你的生活中，你需要的不仅仅是坚持到底，很多时候你需要的还是这种精神，永不放弃的精神，即便在你的生活中有各种各样的痛苦存在，但是只要你懂得坚持到底，不放弃自己的人生目标，那么，最终你就能够实现自己的成功。每个人的人生都是不一样的，但是要想让自己实现自己的成功，唯有坚持可以帮你。坚持到底，最终你会发现自己已经成功。你是否感觉到自己现在很累，如果你是在坚持自己的梦想，那么即便现在很累那也值得，所以说如果你一旦拥有了自己的梦想，那么最终你就能够让自己变得更加成功，每个人的人生都需要一种坚持，所以说如果你能够坚持到底，那么，最终你就能够实现自己的快乐。

2　寂寞中做一个有恒心的人

一个有恒心的人，是不会惧怕生活中的寂寞的，因为在一个人的生活中，寂寞往往并不是最可怕的，最可怕的是无法坚持度过寂寞，坚持让自己实现成功，所以说不管做什么事情，都要学会让自己成为一个有恒心的人，只有恒心才能够帮助你走出寂寞，最终得到自己想要的幸福。

当然，在生活中我们会经常看到因为没有恒心，而被生活抛弃在边缘的人。如果你在寂寞的时候，失去了恒心。那么你会抵挡不住外界的诱惑，在你的眼睛中，外界都会变得很美好，你会经受不住这种诱惑，最终放弃自己的目标，这样不但对你，对你身边的人都会造成伤害，所以说要经受得住诱惑，就要坚持，就需要恒心。

《劝学》中有这样一段："积土成山，风雨兴焉。积水成渊，蛟龙生焉。积善成德，而神明自得，圣心备焉。故不积跬步，无以至千里；不积小流，无以成江海，骐骥一跃，不能十步；驽马十驾，功在不舍。锲而舍之，朽木不折；锲而不舍，金石可镂。蚓无爪牙之利、筋骨之强，上食埃土，下饮黄泉，用心一也。蟹六跪而二螯，非蛇鳝之穴可寄托者，用心躁也。"

大致可以理解为：堆积土石成了高山，于是风雨就从这里兴起了；汇积水流成为深渊，于是蛟龙就从这儿产生了；积累善行便成了高尚的品德，于是人的精神得到提升，也因此具备了圣人的心境。所以没有一步一步的行程，就难以到达千里之外；不积累无数细小的水流，就难以汇聚成江河大海。千里马一跃，也跃不出十步之远；而劣马拉车走十天，也能走很远的路程，它的成功就在于不停地走。如果我们刻几下就停下来了，那么即使是一块腐烂的木头也刻不断。相反，如果不停地刻，那么即使是一块金石也能雕刻成功。蚯蚓没有锐利的爪子和牙齿，强健的筋骨，却向上能够吃到泥土，向下可以喝到泉水，这是因为它用心专一啊。螃蟹有六条腿、两个蟹钳，但若没有蛇、鳝的洞穴它们就无藏身之所，这是因为它用心浮躁。

在这一段论述中，荀子讲了很多例子，重在阐述恒心的重要性，警示后人要想成功不能光靠天资，更应该有坚持不懈的精神。否则即使有很好的天资，也很难取得大的成就。如千里马、螃蟹，虽然有很快的速度和善于打洞蟹钳，因其用心浮躁，而终究一无所成。相比而言，劣马和蚯蚓，虽无奔跑和打洞的天资，但是因为有一颗甘于寂寞的恒心，也可以有所成就。

亨利·威尔逊是美国的前一任副总统，他从小家境贫寒。幼年时期，亨利·威尔逊记忆最深的一件事情就是：他向母亲要一片面包，而母亲手中空无一物，当时母亲脸上流露出痛苦万分的神情。

为了生计，年仅十岁的他只好到附近的小镇当一名学徒工，而且干了整整十一年。在这段时间里，他每年都可以接受一个月的学校教育，这对于他日后的成功起着十分重要的作用，至于这十一年艰辛工作得来的报酬，只有一头牛和六只绵羊。最后，他用这些东西换了八十四美元现金。

在他二十一岁之前，他从未在娱乐上花过一分钱。因为在他看来，最重要的是脱离贫困，因此在花每一分钱时他都精心算计。

他二十一周岁时，便跟着一支伐木队来到人迹罕至的大森林里。他要做的工作就是，将一棵棵大树砍倒，然后顺着河水运到远方的城镇。每天天刚亮，他便大声招呼伙伴们起来，然后一直辛勤地工作到天黑。一个月后，他拿到了六美元。为此，他十分高兴，因为与他做学徒工时的收入相比，这笔薪水实在是太丰厚了！

即使生活在如此贫困的环境中，威尔逊先生仍然在向自己的人生方向发展：无论干什么工作他都不会浪费每一分钟时间，与此同时，他会紧紧抓住有利于提升自我的机会。当别人把大把时间用在娱乐、享受时，他却在努力学习。要知道，在他还是一位学徒工的时候，就通过各种方法借阅了一千本好书。例如，为了借阅一本他感兴趣的书，他可以为别人打扫房间。

阅读量如此之多，为他日后的成功奠定了一定的基础。十二岁时，他加入了内蒂克的一个辩论俱乐部，并且很快脱颖而出，成为其中的佼佼者。然后，他在马萨诸塞州议会上发表了一篇著名的反对奴隶制度的精彩演说，自此以后，他不仅在马萨诸塞州政界有了显赫的地位，而且还为他以后进入国会打下了坚实的基础。

在许多人看来，贫穷可能会阻碍我们走向成功，但是这不是消极的理由。而事实上，许多成功者都是先从贫困中走出来，然后才走向成功的。换言之，贫困恰恰磨炼了人的恒心。因为有了贫困的经历，才能够坦然面对人生中的各种挫折与困难。因为有了忧患的意识，才有强烈的成功的欲望，并持之以恒地为自己的目标奋斗。

寂寞的时光往往会摧毁一个人坚强的内心世界，即便现在的你是成功的，只要心志不够坚强，那么最终寂寞就会侵蚀掉你的内心，所以说一个成功的人，必须要有恒心，只有恒心才能够让你感知到自己存在的价值，才能够让你为了自己的梦想而不断地奋斗。每个人的人生都是不一样的，如果你想让自己的人生变得更加的与众不同，那么恒心就必然无法缺少。恒心是一种美好的人生品格，如果你具备了恒心，那么不管做什么事情，你都会坚持到底，即便在坚持中会遇到各种各样的困难，但是只要你坚持了，那么最终就会实现自己的快乐。在寂寞的时候，更要有恒心，因为这个时候只有恒心能够让你坚持下去，也只有恒心才会让你感受到坚持的意义和快乐。

3 持之以恒，是成功者必备的品质

任何成就都不是一蹴而就的，都是几经努力长久坚持的结果。大凡成功者都具有持之以恒、坚忍不拔的可贵品质。一个懂得持之以恒的人，往往在困难面前也不会折腰，在困难面前也不会失去自我。

你想不想成为一个成功者？如果你想要实现自己的成功，那么就应该学会让自己具备成功者的品质，如果在你努力成功的时候你懂得了坚持，或者是你明白了持之以恒，那么你就会具有无穷的力量，通过这种力量，让自己实现自己的目标，最终实现自己的成功。

一个文质彬彬，才华横溢，敢于冒险，为人友善的小男孩伴着他那传奇的经历，受到了全球亿万读者的关注。他是谁呢？他就是英国女作家J·K·罗琳所创作的"哈利·波特系列小说"中的主人公——哈利·波特。那么，J·K·罗琳又是怎样完成一部如此精彩的小说的呢？

罗琳是一位英语教师，平时喜欢写作。她与其他作家一样，天真烂漫而又充满幻想。在罗琳自己看来，拥有一个幸福而又和谐的家庭，一份称心如意的工作十分满足。意想不到的是，美好的一切在一瞬间都化为乌有：丈夫离她而去，工作没有了，居无定所，身无分文，再加上嗷嗷待哺的女儿，罗琳一下子变得穷困潦倒。但是，种种不幸并没有消磨掉罗琳写作的激情，用她自己的话说："或许是为了完成多年的梦想，或许是为了排遣心中的不快，也或许是为了每晚能把自己编的故事讲给女儿听。"于是，她每天都在不停地写作，有时为了省钱省电，她一个人便待在咖啡馆里写上一天。就是在这种境况下，她完成了第一本《哈利·波特》。然而，当罗琳向出版社投寄这本书时，却遭到了无情的拒绝。一次失败并不可怕，罗琳并没有被打败，直到英国学者出版社出版了第一本《哈利·波特》创下了出版界的奇迹之后，书被翻译成 35 种语言在 115 个国家和地区发行，罗琳才受到全世界的关注。

是的，罗琳成了著名的作家，她成功了，可是谁又曾想过，这成功的背后她付出了多少辛勤的汗水和艰难。可以这样说，成功之路并不是一帆风顺，只要有信心、有热情、有目标、能够持之以恒地坚持努力，才能一步步接近成功，最终走向成功。

6 月的某一天，长岛铁路的停车场里有一列百老汇号流线型火车，它有着闪亮的车身，看上去非常漂亮。这时，人们拿着照相机纷纷围了过来。与此同时，一位名叫安古罗·西昔连诺的男子，穿了一条短裤走向铁轨，把链子扣在观览车厢上使劲拉，七十二吨重的车厢顿时蠕动了起来。

西昔连诺家境贫寒，从小就生活在纽约市布鲁克林的贫民窟中，父母是从意大利来的移民。他十六岁的时候，身材弱小，面色苍白，而且胆子也特别小，因此经常被人欺负。

一次，西昔连诺与小伙伴一同去游览布鲁克林博物馆。当他看到阿波罗和赫拉克利斯的塑像时，一下子呆住了，坐在那里一动不动。领队看到他看得如此出神，便对他说："你知道吗？这些神像都是以年轻的希腊运动健儿为模特儿雕塑而成的。"

到了晚上，西昔连诺找来相关的报纸，然后从报上剪下一套体操图解。

从那以后，他便开始锻炼身体。因为他要实现自己的理想，要让自己和希腊运动健儿一样健美。

他说到做到，每天坚持锻炼，而且从未间断过。为此，还遭到他人的嘲笑。但是，他并没有放弃。有一次，他神气活现地向一名以大欺小的顽童挑战："你想与我比试一下吗？"那顽童只用一只手，就把他轻而易举地推倒了。可是西昔连诺不怕失败，他仍然坚持苦练。时间久了，经过总结他还发明了一套健身术，使他身上的一块肌肉和另一块肌肉对抗。果然有效，他的肌肉开始变得发达起来，他的身材不再弱小。后来，在他的努力下，赢得了"全球肌肉最健美的人"的美誉。

经过几次重大比赛后，他又被人们称为"查尔斯大力士"。在当时，没有人比他更接近古希腊人心目中的男性美。

几乎每个人都有自卑感，这种感觉来源于人类根深蒂固的完美情结。而这种自卑又会对一个人的工作和生活产生一定的影响，以至于人们的聪明才智无法充分发挥，这样一来，自卑感就会强化。如此不断循环下去，总有一天会把所有的理想和激情消磨殆尽。这就是为什么成年人总是畏首畏尾，而年轻人却总是目空一切的真正原因。

从小矮个子到大力士，在很多人看来是根本不可能的事情，至少是非常难做到的事情，但是不达到目的不罢休的西昔连诺凭着自己坚强的毅力完成了。持之以恒，是一个成功者必备的品质。

不管是成功者还是伟人，他们都有一个共同的特点，那就是不管在自己的生活中遇到了什么，经历了什么，他们都懂得坚持到底，持之以恒地坚持自己最初的梦想。他们不会因为暂时的失败而放弃自己的理想，更不会因为外界的干扰或者旁人的几句话而放弃自己的梦想，所以说持之以恒是成功者必备的素质要求，同样地，要想实现自己的成功，也就要让自己成为一个懂得坚持的人。要知道，懂得持之以恒就是一种胜利，也就是一种成功。

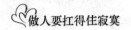

成功者都是会帮助自己实现自己的成功的，所以说不管在什么时候，如果你想要实现自己的成功，那就要学会坚持。"铁杵磨成针"的典故往往能够让你看清楚一个人成功的秘诀，那就是在寂寞中坚持到底，让自己的恒心战胜一切困难，最终，你会发现自己已经登上了山顶，自己的眼前已经是满山春色。

4　别指望一步到位

你没有超能力，所以不要太理想化，没有什么事情是一步就能成功的。孔子有一句话叫"欲速则不达"，说的是我们做事时要脚踏实地，不能太急于求成，只求按部就班不求一步到位，否则往往会适得其反。

一个小孩从草地上捡了一个蛹，然后将它带回家去，想看看蛹是如何蜕化成蝶的。过了几天，蛹上出现了一道裂缝，蝴蝶在里面痛苦地挣扎着，很久都没有出来。小孩实在等不及了，便拿来了剪刀，把蛹壳剪破。意想不到的是，蛹壳里面的蝴蝶由于没有经过锻炼而成熟起来，没活多久就死了。看完这个故事，我们应该明白这样一个道理：一个人要想达成目标，就不能急于求成，而要踏踏实实地做事。

孔子有一位学生，名叫子夏。有一年，子夏被派到莒父任地方官。临行前，他特意去拜访老师，向孔子请教说："我马上就要走了，现在想请教老师一个问题，如何才能治理好一个地方呢？"

孔子十分热情地对子夏说："想要治理好一个地方，非常困难。可是，只要能抓住根本，做起来也就简单了。"然后，孔子向子夏一一交代了应该注意的细节问题后，又再三嘱咐说："无欲速，无见小利。欲速，则不达；见小利，则大事不成。"

这段话主要讲的是：在做任何一件事情时，不要单纯追求速度，不要贪图眼前的小利益。如果一味追求速度，不讲效果，反而达不到目的；只顾眼前小利，不看长远利益，根本做不成大事。子夏听后，认为老师讲的有一定的道理，并表示一定要按照老师的教导去做，就告别孔子上任去了。

就这是所谓的"欲速则不达"，后来经常被人们用来说明过于性急图快，反而适得其反，不能达到目的。

有一团泥土，经过加工变成了一块砖坯，它十分高兴，它想：如果我可以顺利地变成一块砖，那么我就再也不怕风吹雨淋了。它与成千上万块砖坯垛在一起，它们一起兴奋地幻想着自己的未来。可是转念一想：我现在只是一块砖坯，要想真正变为砖，必须经过火焰的炼狱，才能变成，可是这过程既艰难又痛苦。它们一想到这里，便都沉默了。经过商量，砖坯们决定勇敢地接受淬炼。可是其中一块砖坯却因害怕而选择逃避，同伴们被火焰痛苦淬炼整整两天后终于变成名副其实的砖，被汽车载进了大城市，却把它独自留在那里。为此，它非常后悔。后来，这个地方下了一场大雨，它被淋成了一坨泥巴，被暴风吹得支离破碎，成了一文不值的废物。

人生不是一帆风顺的，每个人都要历经无数磨难。就算陷入绝境，也不要放弃，要相信每一个困难都是命运对你的一次锤炼。逃避了命运的锤炼，就彻底远离了自己的梦想。我们只有不断地磨炼自己，才能自我更新，更好地完善自己。

一朵小花，人们只看见它美丽的一面，却不知道当它只是一粒种子时是如何痛苦地扎稳根，如何艰难地向上长，可它面对这么多困难没有放弃！它的芽儿，浸透了奋斗的泪水，它的花朵，是经过不断磨炼得来的。

成功不是一蹴而就的，成功路上所遭遇的风风雨雨，最终必定会成为梦想实现后脸上的微笑！如果你经受不了困苦的磨炼，那么最终你拥有的也不过是表面上的成功。所以说一个成功的人往往能够在经历挫折之后，慢慢地实现自己的成功，最终让自己成为一个强者。

西汉时期，有一位著名的哲学家和经学大师，他就是董仲舒。汉景帝时为博士官，以通晓《公羊春秋》闻名于世。他一心治学，曾三年未到花园游玩。正是这种坚持，让他拥有了属于自己的哲学思想，让他成了哲学家。

从哲学角度来说，任何质变（成功）都是量变（小的变化）不断积累的结果。如此，在追求事业或者学业的路上，我们不能奢望一蹴而就。否则，只能适得其反，不仅浪费了时间和精力，反而离自己的目标越来越远。

一棵大树之所以能够成长为大树，并不是一天两天的事情。而是经过岁月的磨炼，经过风吹日晒之后，才成长为了一棵参天大树，如果你想要小树在几天之内变成一棵粗壮的大树，那是违背了自然规律的事情，也是不可能实现的。同样地，如果你在做一件事情的时候，总是想要一步登天，想要一下就实现自己远大的理想，那么最终你会发现自己总是失败，自己的行进过程中，全是坎坷。如果你懂得一步步地前进，看清前方的道路之后再去行进，那么你就会避免掉入陷阱，最终实现自己的目标。

生活就是生活，不是幻想，更不是梦。因此，你生活在现实中，就要明白没有任何事情是只要想象就能够实现的，每一件事情的完成都需要你付出自己的劳动，只有你辛勤地努力了，你才会看到属于自己的成功。同样地，努力就意味着是一个过程，不要天真地以为，只要自己努力就能够一步完成，这样的成功来的往往会让你感觉虚假。你的生活是否充满了激情？如果你想要实现自己的人生梦想，那么就让自己的内心活跃起来吧，让自己变得激情四射，用自己的激情去工作，去对待自己身边的每个人每件事。当你在实现自己的梦想的过程中，也需要这种激情，但是要明白任何事情都不是一步就能够完成的，所以说要学会分步骤的完成，让自己的梦想慢慢地实现。不要奢望自己的生活就是一个简单的结果，要知道生活就是一步步来过的，生活就是一个过程。

5　千里之行，贵在足下

古代有一句名言："千里之行，始于足下。"这句话讲了这样一个道理：做任何一件事情，关键在第一步。然而，我们在这里所说的"千里之行，贵在足下"稍有不同，它告诉我们，要想成功，不仅要走好第一步，而且要从第一步开始一步一步脚踏实地地去走好走稳，只有这样，才能最终达到目标。固然，一个好的开头是成功的一半，但是虎头蛇尾也是干不成大事的。我们不仅要把第一步走好，而且以后的路要坚持走下去，每一步都要落到实处，从而稳妥地实现我们的理想。

大千世界，芸芸众生，人人都有自己的生活，有自己的世界观。生活、工作、学习、梦想的不同选择，都会造就出不同的品格，塑造出不同的形象，虽然选择的方向至关重要，但是只有方向而不及时付诸行动，一切也等于零。

踏实，是一种心态。这种心态往往是一个人成熟的表现，如果一个人没有办法让自己的内心踏实下来，没有办法让自己每走一步都踏实，那么，最终他也是无法实现自己的成功的。要知道，在人的生活中，最重要的是让自己的内心踏实下来，浮躁往往会让一个人不知所措。当你决定踏踏实实地为了自己的梦想而努力的时候，你才会发现自己其实已经成功了。

我们总爱关注那些耀眼的成功人士。他们能取得举世瞩目的成绩，也是一步步从点滴积累走来的。千万不要以为你什么都不行，千万不要抱怨你很不幸。

作家老舍先生曾说："如果不随时注意观察，随时记下来，哪怕你走遍天下，还是什么也记不真确，什么东西也写不出来。"一个人要想成功就要学会用知识积淀自己，让自己拥有踏实的基础，只有这样，当你需要用到这些知识的时候，才能够成功。

一个伟大的作家对自己要求如此严格，更不要说平常人了。对于一个学习成绩平平的学生来说，极易犯的错误就是：一方面渴望成功，一方面却不知自己在做什么。类似于这样的学生有许多，他们可能从小学习美术，或某一种乐器，但是他们从未坚持下来，而是三天打鱼、两天晒网，想练习就练习，不想练习就拉倒，一副懒散的样子。可当他们要参加一个比赛或考试时，他们就会非常着急，即便是在最后的时刻，他们也会苦学到深夜，到最后，仍然什么都学不到，只能眼睁睁地看着别人拿冠军。

这种情况，在学校里经常遇见。实际上，像英语、语文这样的科目，只要在平时注意积累点滴知识，取得一个好成绩其实并不难。假设你每天都认认真真地练听力，而另外一个同学从来不练，即便是你先前的水平比不上他，用不了多久，你一定会超过他的。

所以，平时我们应该试着做一个有心人，积累点滴知识。等到积累的量达到了一定的程度，到了紧要关头即可以轻松应对。

但是，积累的过程艰苦而漫长，在这个过程中，我们需要做的是，沉得住气，忍得住寂寞。对于读书，古人有"十年寒窗苦"的说法。是的，每个人的成功都是一个化蛹的寂寞与破茧成蝶的过程。

还是那句话，千里之行，贵在足下。当我们还年轻，还有足够的时间的时候，要把理想变成现实只能脚踏实地地去一步步走，成功没有终南捷径可走。你如果为自己制定了一个目标，那么就要明白自己的这个目标是否适合自己，如果你觉得很适合自己，那么就要学会踏踏实实地去实现自己的进步，不管是多么小的一步都要走的谨慎，不要忽视每一个细节，要知道，任何一个细节的忽视都有可能导致你的失败，所以说如果你想要实现自己的成功，就不要忽视和轻视每个细微之处。要学会踏踏实实地走好每一步，最终才能够实现自己的梦想。

6　99％成功的欲望不敌1％放弃的念头

有一句话，它把坚持与放弃的念头的力量作了量化，说来比较形象。那就是，99％成功的欲望也抵不过1％放弃的念头。这句话说的是如果你有99％想要成功的欲望，哪怕你只有1％放弃的想法，也会与你渴盼的成功失之交臂。更多时候，成功与失败的区别只在一念之间，也许完全取决于你能否坚持到最后的一刻。

然而，很多人都是在事业初期奋斗热情不减，斗志昂扬，在这一阶段，普通人与成功人士并没有太大的差别。往往到最后那一刻，顽强者与懈怠者便出现了不同之处：前者克服一切困难一直撑到最后，而后者却被困难击倒，放弃了努力，在中途便停了下来。于是，便产生了不同的结局。

如果你已经拥有了自己奋斗的目标，那么你就没有理由选择放弃。不管是因为什么，如果你一旦放弃，那么最终你将要获得的只会是失败。如果你能够坚持自己的目标，即便有再大的困难，你也不会气馁，更加不会选择那

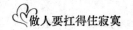

百分之一的放弃。

一位年轻人刚刚毕业，便来到海上油田钻井队工作。第一天上班，带班的班长提出这样一个要求：在限定的时间内登上几十米高的钻井架，然后将一个包装好的漂亮盒子送到最顶层的主管手里。年轻人听后，尽管百思不得其解，但他还是按照要求去做了，他快步登上了高高的狭窄的舷梯，然后气喘吁吁地将盒子交给主管。主管只在上面签下了自己的名字，然后让他送回去。他仍然按照要求去做，快步跑下舷梯，把盒子交给班长，班长和主管一样，同样在上面签下自己的名字，接着再让他送交给主管。

这时，他有些犹豫。但是依然照做了，当他第二次登上顶层把盒子交给主管时，已累得两腿直发抖。可是主管却和上次一样，签下自己的名字之后，让他把盒子再送回去。年轻人把汗水擦干净，转身又向舷梯走去，把盒子送下来，班长签完字，让他再送上去。他实在忍不住了，用愤怒的眼神看着班长平静的脸，但是他尽力装出一副平静的样子，又拿起盒子艰难地往上爬。当他上到最顶层时，衣服都湿透了，他第三次把盒子递给主管，主管傲慢地说："请你帮我把盒子打开。"他将包装纸撕开，看到盒子里面是一罐咖啡和一罐咖啡伴侣。这时，他再也忍不住了，怒气冲冲地看着主管。主管好像并没有发现他已经生气了，只丢下一句冰冷的话："现在请你把咖啡冲上！"年轻人终于爆发了，把盒子重重地摔在了地上，然后说了一句："这份工作，我不干了！"说完，他看看摔在地上的盒子，刚才的怒气一下子都释放了出来。

这时，那位傲慢的主管以最快的速度站起来，直视他说："年轻人，刚才我们做的这一切，被称为承受极限训练，因为每一个在海上作业的人，随时都有可能遇到危险。不幸的是，你没有坚持到最后，虽然你通过了前三次，可是最后你却因难忍一时之气而功亏一篑。要知道，只差最后一点点，你就可以喝到自己冲的甜咖啡。现在，你可以走了。"

许多失败者的可悲之处在于，被眼前的障碍所吓倒，他们不明白只要坚持一下，排除障碍，就会走出逆境，就会走出属于自己的一片天空，结果在即将走向成功时，自己打败了自己，也就失去了应有的荣誉，从而与成功失之交臂。

如果你在做一件事情的时候，不能够相信自己，或者说不够自信，那么你必然会产生放弃的念头，这样一来，自己的成功也就会化为泡沫，此时，你需要的是给自己增加能量，而不是给自己施加消极的因素。在一个人的内心世界中，如果有放弃的思想存在，哪怕只是百分之一，也会影响到你的成功，这是必然的事情。

可以这样说，人生成功的转折点，关键在于能够一直坚持下去。那些毅力不够的人，在困难面前往往选择逃避或半途而废。人生中几乎所有一切的失败，都是起因于他们自己对于所企望的事情的疑惑，源于他们没有坚持到底，没有再接再厉，没有一直努力下去。这像我们爬山一样，在即将到达顶峰时若不能再使一点力气，那就有可能前功尽弃到不了峰顶，这就是成功与失败的最本质的区别。换言之，成功与失败，就看他能否在这一步上坚持到底。

愚公移山、精卫填海的故事，想必大家都听过，这些故事告诉我们这样一个道理：我们在做任何一件事时，如果不能坚持到底，半途而废，那么即使是一件很简单的事也很难做成；反之，如果我们能持之以恒，再难办的事情也会显得很容易。当然，并不是所有的坚持都会赢得胜利。比如，虽然我们已经尽自己所能去做一件事了，但最终却失败了。这时，请你不要懊悔，因为你尽管失败了，但你已尽了自己最大力量，你仍然是大赢家。

成功的欲望往往能够激发出一个人奋斗的思想，同时，如果一个人拥有了成功的欲望，往往会表现出来属于他自己的活力，这样的人生往往是精彩的，而不是乏味的。但是要知道，在很多时候这并不是简简单单的就能够实现，在很多时候，你不能有丝毫的动摇，不能够因为一点点的挫折而动摇了自己眼前的目标。

如果你放弃了眼前百分之一的希望，那么你拥有的就是百分之百的失败。同样地，如果你拥有了百分之百成功的欲望，那么失败的概率就是零，所以说不管在什么样的情况下，都不要让自己变得那么的懦弱，不要因为暂时的一点挫折，而放弃本应该属于自己的成功，也不要因为自己暂时的失败，而放弃了自己的梦想。一个人贵在有成功的欲望，要相信只要自己不让百分之一放弃的思想滋生，那么自己就会拥有百分之百的成功。

7　脚踏实地，把寂寞走成成功

脚踏实地的人往往有属于自己的人格魅力，从他们身上你往往能够感受到不一样的芬芳，不管是什么样的事情和工作，只要是让自己拥有了这种精神和魅力，那么你会发现自己在做任何事情的时候都会变得简单，同时，要学会让自己的寂寞变成成功的源泉，最终，让自己在寂寞中成就自我。

寂寞的人可能会感觉到生活的乏味，可能会感觉到孤独。但是如果你懂得换一个角度去思考，那么你会感受到其中的乐趣，比如说当你看到了自己前进的方向，那么最终你就会明白，自己的成功其实很简单，多半是因为自己走一步能够站稳一步。

说起龟兔赛跑的故事，想必大家都知道。故事的结局是出人意料的，没想到一向以快跑著称的兔子却输给了速度慢的乌龟。之所以会这样，是因为兔子自高自傲耐不住寂寞，而乌龟却克服一切困难坚持了下来，耐住了寂寞，最后赢得了冠军。

在日常生活中，有许多投资股票的人也喜欢将股票比喻为"乌龟"股和"兔子"股。有一段时间，很多股票如一只活跃的"兔子"一般上蹿下跳，它们以强势涨停吸引了股民的眼球。可是，他们却没有看到，在活跃的"兔子"后面还隐藏着许多慢吞吞的"乌龟"，它们以不温不火的走势考验着众多股民的耐性。有人图一时之快，有人稳中求利，无论他们最终选择"兔子"还是"乌龟"，都是根据个人风格而定的。没有料到的是，一些炒股者不仅没有追到"兔子"反而还被"恶狼"咬了一口，而那些投资"乌龟"的股民们情况就不同了，"乌龟"的速度可以让我们轻易掌控，如有不测轻而易举地便能全身而退，即使赚不了太多的钱也不至于赔个倾家荡产。

这说明了一个问题，现在市场上"乌龟"的成绩远远超出"兔子"的成绩。可谓"罗马不是一天建成的"，牛股也是有涨有跌的。因此，股民们在投资股票时，一定要有长远可行的计划，正所谓"雨露润物细无声，滴水穿石有恒心，身心清静方为道，原来退步为向前"。若能真正做到这样，最后的赢家一定是你。正如"骐骥一跃，不能十步；驽马十驾，功在不舍；锲而舍之，朽木不折；锲而不舍，金石可镂"，在做任何一件事情时，不能求最快但要求最好。要知道，生活在这个浮躁的社会里，若坚守住寂寞就是成功了一半。

在现实生活中，我们会羡慕别人的成功或者羡慕别人的生活是多么的丰富。其实你也可以拥有这样丰富的生活，只是你不懂得方式和方法而已，要知道，如果你能够将自己的生活变得更加的踏实，那么就会发现自己的生活已经足够丰富，没有人希望自己的生活是枯燥无味的，但是如果你不懂得脚踏实地，只是好高骛远，那么最终失败的只会是你自己。

西甲巴塞罗那队有一个能够耐得住寂寞的后卫，他便是阿比达尔。他刚走上这条路时，就知道后卫是一个必须坚守寂寞的位置。

2004 年，他被选入法国队。当时的他正值青春年少，可是正由于他的那份坚守寂寞才获得认可，从而成为豪门眼中的香饽饽。为此，他受到欧洲足坛豪门的关注，而且法甲的霸主六冠王曾邀请过他。他不止一次地对自己说：作为一名称职的后卫，一定要耐住寂寞。后卫虽然在比赛场上只是一个配角，但却有着很重要的职责，想尽一切办法阻止对手的进球，是球队必不可少的一部分。要知道，少了后卫就不是一支完整的球队，就会对比赛产生很大的消极影响，巴萨球队更是如此。

一直以来，巴萨就非常崇尚进攻，这更需要后卫时刻提醒自己，不能因为盲目进攻而忽略了各自的责任，每一次的进攻都会给敌人增加机会，作为一名合格的后卫一定要学会坚守寂寞。事实上，阿比达尔也想做冲锋陷阵的大英雄，赢得观众的掌声，可后卫的职责不允许他这样做。阿比达尔也很想像阿尔维斯一样攻守全能，上下皆可，可是如果那样做的话，一旦遭到对手反击后果不堪设想。无论在什么时候，后卫必须坚守自己的立场，时刻不能忘记自己的使命，哪怕一生从未进过一个球。虽然算不上大名鼎鼎的球星，也不能成为像恺撒那样开创一个后卫时代的球王，更不能像萨默尔、巴雷西、马尔蒂尼受到众多的关注，但只要一提到阿比达尔的名字，就会让顶级前锋心生恐惧，因为他坚守寂寞、耐住寂寞，所以最终成为一名优秀的后卫。我们可以这样说，后卫阿比达尔极为低调，而且从不妄自菲薄，能清楚地认识自己，知道什么事情该做什么事情不该做。既然自己的选择是后卫，就要一直坚持下去，无论忍受多少寂寞也要撑下来，一步一步脚踏实地地走向辉煌。

明确目标，坚定意志，并且拥有足够的耐心，那你就离成功不远了。所以说，成功在于坚守寂寞。当你懂得坚守寂寞的时候，你会看到雨后的彩虹是多么的绚丽多彩，当你懂得在寂寞中重生的时候，你会明白自己的成功就是因为自己的努力。一步一个脚印地走下去，最终你会实现自己的梦想，最终你会发现梦想会成真。

　　"我选择，我坚持"，所以说不管是在什么样的条件之下，只要你坚持了，那么最终你就能够实现自己的成功。同样地，你的成功需要的是一个循序渐进的过程，不可能一蹴而就，所以说路要一步一步地走，人生要一点一点地来过。懂得脚踏实地，一步一步走下去的人们往往能够记住生命中的每一个精彩的瞬间。同样地，这样的人生才扎实。脚踏实地地生活，你才能够得到平静。脚踏实地地工作，你才能够得到领导的赏识。脚踏实地地去拼搏，你才会感受到拼搏的乐趣。

8　功成名就是一连串的奋斗

　　要想取得成功，首先要学会面对失败。如很多人看到的，失败是有杀伤力的，它可以让人萎靡、颓废，丧失斗志和意志力。但与此同时，我们也应该看到另一面，失败也让意志坚定者更加勤勉努力，重要的是你将失败看作什么。

　　奋斗没有止境，要想实现自己的成功并不是一件简单的事情。不是说今天努力，明天就能够成功的，这需要一个过程，这个过程往往会让你明白自己前进的方向和动力。在一个人的人生中，如果你明白了自己的前进方向，你就能够一步步地实现自己的成功。在一个人的思想境界中，如果你能够坚持奋斗，那么最终你就能够实现自己的成功。

　　爱迪生击败重重困难，发明了电灯；齐白石老先生虽年老体弱，却勤学苦练，练就了炉火纯青的画技；李时珍翻山越岭，耗尽一生心血，写成了药学巨著《本草纲目》；诺贝尔冒着生命危险做实验，让炸药使用起来更安全、更实用。他们人人都有滴水穿石的精神和伟大的成就。用林肯的话说，除非你放弃，否则你就不会被打垮。

功成名就向来是在经历一连串的奋斗之后而得出的结果。是的，我们身边那些伟人，几乎都受过一连串的无情打击，他们每个人都险些被困难击败，但是他们因为始终坚持到底，终于获得了辉煌的成果。伟大的希腊演说家德莫森也不例外。

他因为口吃，而产生了极强的自卑心理。他父亲死后给他留下一块土地，希望他日后能过上富裕的生活。但当时希腊的法律是这样规定的：必须在声明拥有土地权之前，先在公开的辩论中赢得所有权。这对于他来说很不利，口吃加上害羞使他以失败告终，结果丧失了那块土地。这件事之后，他不但未被打垮，反而更加努力地战胜自己的缺点，结果他创造了人类空前未有的演讲高潮。几个世纪以来，那位当初取得他财产的人早已被历史忽略了，而德莫森的名字却深深地刻在了整个欧洲人的心上。所以说要想实现自己的梦想，就应该坚持下去，只有坚持奋斗，才能够获得最终的成功。

林肯的一生就是化挫折为胜利的伟大见证。

1832 年，林肯失业了。这对于他来说，显然是一个很大的打击，但他并没有因此而颓废下去，他下定决心要当政治家，当州议员。糟糕的是，经过他的努力后，竞选竟然没有成功。没过多久，林肯再一次决定参加竞选州议员，由于吸取了上次的经验，这一次他取得了成功。1838 年，林肯认为自己的身体已经恢复得差不多了，于是决定竞选州议会议长，可他失败了。1843 年，他又参加竞选美国国会议员，但这次仍然以失败告终。1846 年，他又一次参加竞选国会议员，最后终于取得了成功。两年任期一晃就过去了，他决定要争取连任。他觉得自己作为一名国会议员有着相当出色的表现，选民一定会继续选举他。但是，结果并非如此，他落选了。1854 年，他竞选参议员，但失败了；两年后他竞选美国副总统提名，结果成了对手的手下败将；又过了两年，他再一次竞选参议员，仍然没有取得成功。林肯一直没有放弃自己的追求，他始终是自己生活的主宰者。1860 年，他当选为美国总统。

他一直在失败，也一直为了自己的理想在奋斗着，这对于他来讲就是一种成功，不管什么样的结果，这就是成功，所以说在一个人的内心世界，要想实现自己的成功，那可能并不是一朝一夕的事情，需要的是不断的努力和一生的奋斗。

坚持一下，成功其实离你很近。一个人想要成就一番大事业，就要能够坚持下去，坚持下去才有机会取得成功。说起来，一个人克服一点儿困难也许很简单，难的是能够持之以恒地做下去，直到最后成功。

对一般人而言，失败很难使他们一次一次站起来并坚持下去，而成功则容易继续下去。但对于林肯来说并非如此，他会利用种种挫折与失败，来驱使他更上一层楼。因为他有钢铁般的毅力。他有一句话说得好："你无法在天鹅绒上磨利剃刀。"

1828 年，刚满十八岁的伯纳德·帕里希便一个人离开了法国南部的家乡。离开时，他什么也没带，就连一本书也没有。当时他只是一个很普通的玻璃画师，但是，他对艺术却有着极高的热情。

偶然的一次机会，他看到了一只精美的意大利杯子，深深地被吸引住了，这样，他过去的生活完全被打乱了。从此，他内心便决心要探索瓷釉的奥秘，看看它为什么能赋予杯子那样的光泽。此后的几年时间里，他把自己的全部精力都投入研究瓷釉成分中。不仅如此，他还亲自动手制造熔炉，但是第一次并未成功。后来，他又尝试着造了第二个。

这一次虽然成功了，然而这只炉子消耗了大量的燃料和时间，让他几乎耗尽了财产。最后为了继续研究，他不得不用普通火炉。对于他来说，失败简直就是家常便饭，然而每次他在哪里跌倒就从哪里爬起来重新开始。最终，在经历无数次的失败之后，他终于烧出了色彩艳丽的瓷釉。

可是，他觉得自己的发明有待改进，于是，帕里希用自己的双手把砖头一块一块垒成了一个玻璃炉。

终于，他迎来了决定试验成败的关键时刻，他用高温连续加热了六天。出乎意料的是，瓷釉并未熔化。但是，他当时已经一贫如洗，只好通过借贷购买陶罐和木材，并且通过各种方法找到了更好的助熔剂。一切准备好之后，他又重新生火。可是，直到燃料耗光也未出现任何结果。无奈之下，他只好将花园里的木栅拆下来充当柴火，但仍然未见效果，随后他又将家具拿来充柴火，但仍然没有起作用。最后，他把餐具室的架子也拿来扔进了火里，奇迹终于发生了：熊熊的大火一下子瓷釉熔化了。

有时候，坚持自己的理念实在很难。因为谁都无法预知未来将发生什么。若一味安分守己，自然可以平平安安，一直到老死。而如果要从事一项具有创造性的工作，或者从事危险性较高的职业，虽然能在挑战中寻找一份乐趣，或者在成功后享受胜利，但是他们失败的可能性要远远大于成功的可能性，这也是伟人和普通人不同的地方之一。

世界上没有一样东西可取代毅力，才干同样如此。纵观世界，怀才不遇者比比皆是，一事无成的天才自然也不少；教育也不可以。世上充满了学无所用的人。只有毅力和决心，才能让我们无往不利。

当我们向高峰不断攀登时，必须谨记一句话：每一级阶梯都需我们踩足够的时间，然后再踏上更高一层，它不是供我们休息之用。我们在途中不免疲倦与灰心，但就像一个拳击手所说的，你要再战一回合才能得胜。碰到困难时，我们要再战一回合。每个人都有无限的潜能。除非我们知道它在哪里，并坚持用它，否则没有一点价值可言。

在我们追梦的路上，应如林肯那样，始终以一句话为人生格言：坚持一下，成功就在脚下。只要你懂得坚持，那么最终的成功就属于你，不管是在工作中，还是在生活中，如果你不懂得坚持奋斗，今天奋斗，明天休息，那么你最终也不会实现自己的愿望和理想，所以说当你感受到自己想要成功的时候，就要明白自己的奋斗即将开始。

每个人的生活中，都会有寂寞的出现，但是不管在什么样的环境下，寂寞都不是一条死路。所以说如果你拥有自己的梦想，那么就要学会与寂寞为伴，从现在开始奋斗，为了自己的梦想奋斗终生，这是一件幸福的事情。因为在奋斗的时候你能够感受到自己的激情、快乐和年轻。不要让自己失去了目标，更不要让自己失去了奋斗的勇气。大胆地去奋斗，坚持自己的努力，让一连串的奋斗成就自我。